게으른 엄마의
행복한 육아

게으른 엄마의
행복한 육아

시 쓰는 아이와
그림 그리는 엄마의 ── 느린 기록

이유란 쓰고, 그림

서사원

"어른이 되면 아빠처럼 엄청 커지나요?"

키 작은 애벌레가 말했다. 커다란 흰색 날개를 접고 아빠 나비가 애벌레에게 다가왔다.

"어른도 아이와 다르지 않아. 단지 날개가 있을 뿐이야."

애벌레는 몸을 쭈욱 늘려 보았다. 아무리 해도 나무만큼 자랄 수 없다니 슬펐다.

"아가, 너도 이제 곧 번데기에 들어가겠구나. 번데기에서 나오면 어른이 될 거야."
"번데기가 뭔데요?"
"인내를 배우고 자기만의 날개를 키우는 곳이지. 번데기를 뚫고 나와야 진짜 어른이 된단다."

"멋져요! 근데 아빠 번데기 안에서는 무엇을 해요?"

"생각. 생각을 해야 해. 일단 번데기를 벗고 나오면 누구든 날아오르는 어른 나비가 돼. 하지만 번데기 안에서 어떻게 꿈틀대는지에 따라 날개의 모양이 달라지지. 몸을 만들게 될 거야. 네 날개는 네가 만드는 거란다. 생각하렴, 어떤 어른이 될지 생각하고 또 생각해."

애벌레는 나무에 거꾸로 대롱대롱 매달리며 말했다.

"저는 답답한 건 질색이에요. 아빠, 이것 보세요. 나무를 건너다가 대롱대롱 매달려 점프도 할 수 있다고요! 진딧물도 열 마리는 한 번에 잡아먹어요. 새벽이 되면 떨어지는 이슬에서 하는 목욕은 너무 신이 나요. 이 모든 걸 할 수 없다니 상상할 수 없어요. 그냥 번데기에 안 들어가고 이렇게 어른이 될 수는 없을까요?"

"그럼 진짜 어른이 될 수 없어. 너를 잘 돌보면서 답답한 번데기를 이겨내야 진짜 어른이 될 거란다. 지금은 그저 날개에 좋은 것을 많이 먹으렴. 단단하고 특별한 너만의 날개를 위해서 말이야. 지금 먹은 게 네 날개를 두껍게 해 줄 거야."

"아빠처럼요?"

아빠 나비는 날개를 크게 펴고 말했다.

"아니, 분명 아빠 날개보다 더 크고 멋질 거야. 화려하지 않아도 돼. 건강하고 단단한 날개로 너는 어디든 갈 수 있어."

애벌레는 어서 큰 날개를 가지기 위해 가장 푸른 잎을 찾아 먹기 시작했다. 그리고 다시 펼쳐진 아빠의 날개를 바라보았다. 애벌레 주위를 빙글빙글 돌며 지켜주는 아빠가 있어 애벌레는 행복했다.

어느 여름 생태 곤충원에서 비슷한 모양의 번데기가 줄지어 붙어 있는 모습을 보았어요. 움직임도 없이 붙어 있는 번데기가 마치 학교 안에서 숨죽여 성장하는 우리 아이들 같았어요. 학교 안의 아이들도 번데기 안의 애벌레도 모두 자기만의 날개를 만들고 있어요. 내가 어떤 무늬를 좋아하는지 알고 돌보다 보면 대단하지 않아도 단단한 어른이 될 거라 믿으면서요.

'조금만 참자, 조금만 참으면 어른이 될 거야.'

번데기가 된 애벌레가 깊은숨을 내뱉는 소리가 들리는 듯했어요. 우리가 그랬던 것처럼요. 우리는 모두 그 시절 번데기를 경유한 나비입니다. 겨우 책임감과 자유라는 날개를 양쪽에 달고 있을 뿐이지만요. 그리고 이제 우주처럼 무거운 '부모'라는 이름까지 얻었습니다. 가장 좋은 것을 먹이고 싶은 마음을 실감하며 살고 있지요.

먹이는 일은 생존의 문제였어요. 내가 먹는 것이 내가 되니까요. 애벌레는 초록 풀을 먹으면 초록 똥을 누고 주황 당근을 먹으면 주황 똥을 누잖아요. 그래서 순하고 푸른 잎을 먹어야 해요. 우리 아이들도 먹은 그대로 배출하더라고요. 흡수한 언어와 정서는 투명하게 말과 문장으로 배출되었어요.

이 책은 게으른 제가 엄마가 된 10년 동안 아이들에게 순하고 푸른 풀을 먹이며 쉬었던 기록이에요. 두 아이와 애벌레 시절에 읽고 쓰고 떠난 쉼표의 흔적이지요. 그 모든 쉼표의 자리에서 감정을 돌보았어요. 아이는 좋은 어른이 되기 위해서, 엄마는 좋은 오래된 어른이 되기 위해서 각자의 감정을 돌보았지요.

나를 잃어버린 기분이 드는 모든 엄마에게 잠시 날개를 접고 호흡을 가다듬는 시간이 되길 바라요. 접었던 날개를 다시 펼 때는 어디를 향해 날아가고 싶은지 알게 될 거라 믿어요. 날개가 쪼글쪼글해져도 방향만 잃지 않는다면 어디든 갈 수 있으니 당신의 쉼과 날갯짓을 응원합니다.

2021년, 계절에 기대어 쉬다가

이유란

차례

제 1장　　　　　멈추어 돌아보기

제 1장

나는 왜 더 유연하지 못할까…

나는 왜 나를 다독이지 못할까…

감정의 끝은 왜 항상 따분할까…

쌓아 놓은 감정 더미를 다 쓸어 담지도 못하고

대책 없이 어른이 되었다

멈추어 돌아보기

○ 눈치를 보는 편인지
   안 보는 편인지

"네 사진은 내가 딱 보면 알지. 약간 사선이잖아."

내 시선은 카메라 렌즈를 만나면 기울어진다. 사진기를 들고 해가 저무는 시간을 찾는다. 빛도 기울어져 있고 그림자도 드러누워 버려 온 우주가 내 마음 같아서다. 나는 왜 그렇게 기울어지고 싶을까.

'사진 하나쯤 삐뚤어지면 어때.'

사진은 내가 보고 싶은 장면만 담고 내가 보고 싶은 각도로 비틀어 찍을 수 있다. 내가 보고 내가 좋으면 그만이다. 하지만 삶은 사진과 달랐다. 눈치를 보고 줄을 서서 나만 틀린 사람이 되고 싶지 않아 애써야 했다.

육아도 그랬다. 내 육아의 시작점을 한마디로 표현하자

면 '보이는 라디오'였다. 하필 아동학이 전공이라 아이의 행동이 내가 받는 성적표처럼 느껴졌다.

SNS에는 거대한 비닐을 펼쳐 아이와 오감 놀이 하는 모습이 가득했다. 그러나 아이가 밥알이라도 툭 뱉어내면 나는 스스로를 형편없게 생각했다.

'왜 나는 아이를 잘 키우지 못할까?'

건강하지 못했다. 설거지통에 그릇을 던지기도 하고 얇은 유리 같은 아이에게 소리를 지르기도 했다. 처음이니 당연히 서툰데 남의 눈치를 보다 보니 독만 남았다. 아이를 망치질하고 조각칼로 아프게 다듬었다. 인정하기 싫지만 아이가 예의 바르고 순해야 내가 꽤 괜찮고 개념 있는 배운 엄마처럼 보였다. 그렇게 진을 빼고 나면 지쳤다.

첫째가 네 살이 되던 해, 무언가 잘못되었음을 알았다. 내가 휴대전화 속에 있는 누군가의 눈치를 볼수록 아이는 내 눈치를 보면서 크고 있었다. 한참 마음을 앓았다. 나는 처음부터 다시 아이를 키우기로 했다.

오롯이 아이를 최우선에 두기로 했다. 나를 평가하는 눈은 버렸다. 타인의 인정과 칭찬에 기대어 살 수 없었다. '댓글'과 '좋아요' 개수가 진짜 나를 괜찮은 사람으로 만들지도 않았다. 나는 진짜 괜찮고 싶었다. 그래서 불편한 상황이 생기면 거울로 달려가 질문을 했다.

"그래서, 나 지금 어때?"

거울 속 내 눈을 보면서 질문하자 아이를 돌보는 만큼 나를 돌볼 시간이 생겼다. SNS에 '좋아요'를 기대하며 깔아두었던 포장을 걷어내고 그 자리에 내 자리를 만들기 시작했다. 연필을 들고 나에게 편지를 쓰기도 했다.

'실패한 전공자'는 사라졌다. 아이에게 그럴듯한 무엇을 더 해주지도 않았다. 오히려 관심을 나에게 돌렸다. 그러자 아이와 나 사이에 있던 거친 대화의 벽이 사포로 문지르듯 갈리고 부드러워졌다. 나는 나의 감정과 아이의 감정을 지키는 삶을 살기로 했다.

"가장 먼저 담을 것은 소중한 네 감정이야."

초등학생이 된 아이의 책가방을 챙기면서 말한다. 아이는 책가방을 탈탈 털어 비워 내고 가슴에 양손을 댄다. 그리고 마음에서 감정을 꺼내는 흉내를 내며 "어이 차~" 소리와 함께 빈 책가방에 손을 넣고 웃는다.

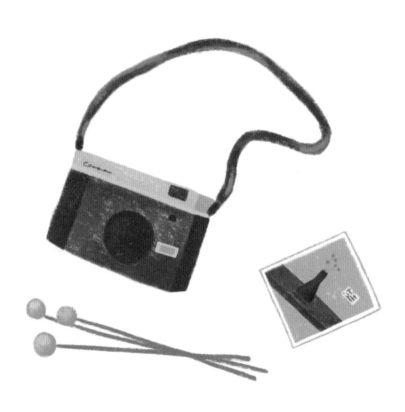

"자, 봐요. 넣었어요!"

남자아이들은 다투고 혼날 일이 수두룩하다. 자라는 아이들에게 크게 중요한 문제는 아니다. 다만 감정은 존중받아야 한다. 감정존중을 바탕으로 한 훈육, 감정을 지키며 풀어가는 갈등은 오히려 너무도 필요하다.

싸우고 부딪치며 몸이 먼저 배워야 분별하는 힘이 생긴다. 아이가 자기 몫의 감정을 돌볼 줄 아는 사람으로 자라도록 나는 엄마의 자리를 지키고 있다. 그것이 다시 시작한 내 육아의 전부다.

나는 여전히 눈치를 보는 편인지 안 보는 편인지 구분이 안 되는 SNS속에 자주 들어간다. 그러나 더는 보이기 위한 육아는 하지 않는다. 내가 힘들면 밥 대신 컵라면을 던져주고 쉰다. 설거지나 빨래를 산더미처럼 쌓아 두고 기꺼이 집 밖으로 나간다. 하루 중 그림을 그리고 글을 쓰는 시간이 제일 중요하며 떠나고 싶은 마음은 스치게 두지 않는다.

"여보, 나 한 달 동안만 혼자 아무도 없는 나라에서 살아보고 싶어. 사람은 외로움과 부대낌이 섞여야 하는데 난 외로울 틈이 없어. 아니, 외롭지. 근데 진짜 외로움을 알고 싶어."

"애들이 밥 차려 먹을 수 있게 되면 어디든가."

"진짜지? 애들 밥하는 법부터 가르쳐야겠다."

남편 눈치를 보고, 아이 눈치 보고, 집안 어른들 눈치를 먼저 봤다면 나는 여전히 설거지통에 애꿎은 그릇을 집어던지고 있을지도 모르겠다.

건강한 엄마가 되어 간다. 거울에 비친 나를 먼저 보고 나를 위해 애쓰며 만들어진 감정 덩어리는 따뜻하다. 그 온기에 아이들도 몸과 마음을 데운다. 그렇게 우리는 같은 온도가 된다.

○ 고집대로

"나도 학습지 할래요. 우리 반 내 단짝 친구들 다 한대요."

"아 좀, 엄마랑 놀자! 1학년 때는 놀 시간도 부족해! 생각해 봐, 공부는 평생 해야 해. 천천히 해야 안 지치지. 좀 더 놀다가 하자 뭐든."

김루루가 초등학교 1학년의 반을 지나오면서 학습지를 시켜달라고 조르기 시작했다. 이제 여덟 살이 사교육 로망이라니. 하지 말자고 설득하는 내가 도리어 우스웠다.

나 역시 학교에 다닐 때 한 문제에 울고 웃었지만 내 아이들은 그러지 않기를 바란다. 내가 본 진짜 세상은 교과서에 있지 않았다. 학교를 졸업하고 음악과 글과 그림을 더 사랑했다. 드뷔시를 알고 그의 음악을 듣다가 밤을 새웠으며 그려본 적 없는 그림을 배우며 성장했다. 또 책장을 넘기는 기쁨이 몇천 배는 커졌다.

좋아하는 마음을 늘리는 삶은 내가 어떤 사람인지 윤곽이 드러나게 했다. 그래서 고집을 부려본다. 나의 교육열은 그저 사람의 마음을 향한다. 좋아하는 마음을 늘리는 배움에 나의 열성이 있다.

그러나 학교에서는 쉽지 않았다. 학교가 제시하는 길대로 잘 따라가는 아이들은 어려서부터 인정받는 데 익숙하지만 그렇지 않은 아이들은 이해의 범주 안에 들기 어렵다.

아들 김공룡도 자주 이해를 구해야 하는 아이다. 감정이 진해서 숨김없이 드러나기 때문이다. 해야 할 일의 우선순위를 알고 결정하는 능력도 서툴렀다. 거기다 사교육을 받지 않으니 학교에서는 맞고 틀리는 문제가 아이의 감정보다 앞세워지기도 했다.

그러나 세상의 모든 아이는 아이이기에 무시받지 않아야 한다. 덜 알고 덜 재능 있고 덜 가졌더라도 어른의 잣대로 만든 기준에 그 어떤 아이의 삶도 단정되어서는 안 된다. 다양한 아이들의 다양성을 훼손하지 않는 기본, 공교육의 기본은 여기에 있어야 한다.

아이들은 자기만의 책가방을 따로 가지고 있다. 발에 스치기만 해도 전율이 일어나는 축구공, 상상력, 감성, 선명한 색을 가방 안에 넣는다. 물론 수학이나 과학교과서를 책가방에 챙기는 아이도 분명히 있다. 무엇이든 좋다. 아이

스스로 가방을 싸고 짊어졌다면 당장 꺼내지 않아도 무한한 물개박수를 보내는 게 어른의 일이다.

어른은 아이에게 특권층이다. 그러니 어른이 가진 시선의 무게를 느껴야 한다. 아들이 초등학교에 들어간 후 우리는 몇 분의 선생님을 만났다. 제일 먼저 만난 선생님은 아이에 대해 오래 생각해주시고 쉽게 판단하여 말하지 않으시는 분이셨다.

"참 순수하고 심성이 착해서 고마운 아이입니다. 물론 행동이 커서 혼이 날 때도 있지만 아주 밝은 기질의 아이예요. 또 책을 좋아하니 그게 나는 너무 고마워요. 행동이 커도 친구들에게 해를 가하지 않으려고 하는 고운 심성도 너무 고마워요. 믿어주고 들어주는 엄마가 옆에 있다는 것이 느껴지는 아이입니다."

"어려서부터 공룡에 대한 집착이 있었는데요, 그에 따른 어려움은 없나요?"

"제 아이도 과학에 관심이 많아서 관련된 책을 끊임없이 보여주었어요. 하나에 푹 빠지는 성향은 좋은 거죠. 특히나 그런 성향을 보이는 어린이가 드물어요. 김공룡을 보면 책에도 푹 빠져 있잖아요? 수업 시간에도 자꾸 보려 해서 좀 혼나긴 했지만 사실 자기도 얼마나 보고 싶겠어요. 혼을

내긴 했지만 보고 싶어 하는 마음은 예쁘죠 하하.”

장난기가 많아 자주 혼나지만, 선한 어른의 시선 안에서 아이는 존중받았고 애정 안에서 통제받아왔다. 존중받는 아이는 밝고 순수했다. 친구들에게도 존중받고 있었다. 그리고 1년 후, 다른 시선에 부딪혔다.

“이 아이는 공교육에 맞지 않습니다. 무엇을 하든 공룡 생각밖에 없어요. 무엇을 해도 공룡 이야기부터 합니다. 수업에 너무 방해됩니다. 집에서 사랑도 많이 받았을 텐데 이상하죠. 저에게 안아달라고 하는 애정결핍적인 행동을 하기도 합니다. 아주 독특하고 이상합니다.”

이제 겨우 아홉 살인 아이는 어른의 시선으로 공교육에 맞지 않는 아이가 되어 있었다. 상담이 끝나고 눈물을 쏟았다. 분노했고 억울했다. 올곧게 키우려 했던 내 가치관이 한 번에 무너지는 순간이었다.

아이에게 내가 놓치고 있는 큰 문제가 있다고 생각하니 일거수일투족이 다 문제아처럼 보였다. 고민하다 어릴 적부터 아이를 지도했던 선생님들을 만나 상담했다. 냉정하게 듣고 싶었다. 선생님들은 아이의 문제는 아니라고 해주셨지만, 우리 부부는 불안감에 이 전과 달리 아이의 감정을 무시하며 통제하려 했다.

아이와 내가 좋아하던 글 한 줄 써 내려가지 못했다. 우리는 애정에 목말랐고 마음을 다독일 문장에 메말랐지만, 아무것도 할 수 없는 무력한 상태였다.

학교에서 감정 존중이 없는 통제가 있다면 부모는 더 존중해주고 인정으로 채워주어 균형을 맞추어 주어야 했다. 하지만 나는 마음이 얇아서 그렇지 못했다. 수학 학원도 안 다니냐는 교사에게 무시받지 않게 하려고 문제집을 펴고 소리를 질렀다. 아이의 마음을 먼저 펼쳐두고 보게 했었어야 했는데 그 반대였다. 부모의 불안한 시선에 아이는 더 불안했다. 불안은 아이를 집어삼켰다.

"나는 왜 그러지? 내가 나를 좀 때렸으면 좋겠어."

이전에는 하지 않던 말을 내뱉거나 종종 잠자리에서도 그늘진 아이의 얼굴을 보면 가슴이 아팠다. 부모에게 첫아이는 시행착오를 다 거쳐 천 번을 깎아 만들어지는 존재인가 보다. 아이의 불안감이 내 눈에도 보이니 정신이 바짝 들었다. 아이는 다시 또 언제든 어려운 상황에 놓일 수 있다. 그렇다면 단단해지는 몫은 내 태도에 달려 있었다.

기본 생활 습관이 잡히지 않고 매일 같은 문제로 혼이 나는 아들은 누가 봐도 모범생과는 거리가 멀다. 다만 자기의 상처를 상대의 마음을 읽어가며 늦게라도 조곤조곤 설명할 줄 안다. 눈물이 많아 툭하면 터져버리지만 자기 눈물보다 어른의 눈물을 먼저 닦아 줄 줄 아는 아이다.

부모가 먼저 믿어주면 잘 자랄 아이다. 그렇지 않은 아이가 있을까. 바람이 지나가도록 두는 의연함도 부모에게 필요했다.

하지만 남편은 스트레스로 심장에 무리가 되었는지 부정맥까지 심해져 몇 번의 검사를 받았다. 우리 부부에게는 의연함이 없었다.

"엄마가 조금 흔들리면 아이는 휘청대요. 학교에서 아픈 일이 있었으면 더 안아주고 더 믿어주고 '여기 엄마가 있다!' 하고 뒤에서 힘껏 안아주는 게 엄마의 역할이에요. 그동안 잘하셨잖아요?"

"저 회피하고 싶어서 집도 내놓았어요. 이사하면 이 상황에서 벗어날 수 있을까 해서요."

"지금까지 만난 인연들이 좋은 사람 좋은 환경이었던 거죠. 참 감사할 일이네요. 지금까지 좋은 사람들을 만난 거잖아요? 그러니 감사하는 마음으로 도망가지 말아요. 아이들은 나무 같은 존재예요. 바람이 부는 일은 더 많아질 거예요. 신기하게 아이들은 아무리 바람이 불고 힘든 일이 있어도 학교에 자기 믿어주는 선생님 딱 한 분만 있어도 잘 뿌리 내리고 잘 자라거든요. 내가 있잖아요. 힘든 일 생기면 나를 찾아가라고 하세요. 내가 들어주고 다독여 줄게요."

울면서 아이의 1학년 때 담임선생님을 찾아갔을 때 선생님은 내 손을 잡고 담담하게 말씀해주셨다. 그리고 마음이 쓰여 아이가 지나가는 길목마다 먼저 반겨주셨던 모양이다. 수업이 끝나고 김공룡이 놀던 운동장을 함께 걸어주시면서 말씀하셨다고 한다. 글을 쓰라고. 너의 글이 좋다고 말이다.

어디서든 따뜻한 사람은 존재한다. 덕분에 나는 고집스럽게 다시 서기로 했다. 흔들리지 않기로 했다. 용기를 가지고 다시 아이와 글을 쓰기 시작했다. 한 번씩 어지러운 생각이 글로 드러나면 우리는 다시 안정을 찾았다.

힘든 일은 이후에도 여러 번 있었다. 그러나 책을 읽고 각자의 글을 썼다. 김공룡은 그 1년을 보내며 쓴 시 중 '공룡'을 주제로 한 시를 모아 출판사와 동시집을 계약하게 되었다. 머릿속이 공룡으로 가득 차 글을 쓸 때도, 그림을 그릴 때도 공룡 생각이 먼저 튀어나오는 아이를 보고 한 선생님은 아이의 마음을 존중하며 글을 쓰라고 하셨고 한 선생님은 공교육에 맞지 않는다고 하셨다.

나는 아이를 어떤 시선 위에서 구르고 뛰게 할지 분명하게 알았다. 어른마다 시선은 다를 수 있다. 하지만 아이가 책가방 안에 매일 넣어 온 공룡을 보고 가능성을 봐준 어른의 시선은 아이를 다르게 키워냈다.

밖에서 만나는 수많은 어른의 시선은 배경 시선이다. 아이의 초점은 부모에게 있기에 중심 시선인 부모의 올곧은 믿음이 중요하다. 부모가 중심을 바로 잡을 때 아이의 뿌리는 땅을 뚫고 정 방향으로 내린다는 걸 알았다.

바람이 지나갔다. 다시 또 닥치면 또 아등바등한 것이 인생이지만, 이제는 벌떡 일어날 줄 안다. 열 번 흔들리고 백 번 무너져도 내가 지킬 것이 무엇인지 안다.

돌아보면 크지 않은 그 잔잔한 바람이 사람을 키워낸다. 아이는 시험지 위에 빨간 색연필로 내린 몇 가닥 비에는 쉽게 마음이 젖지 않고 뽀송뽀송하게 잘 지나간다. 시험지에 내린 비로는 인생이 젖지 않기에, 그저 어떤 좋아하는 마음을 지키면서 나를 알아간다면 그걸로 충분하다.

○ 엉킨 감정들

한 번씩 등산복 차림으로 산 정상에 오른 어머니 아버지의 사진이 휴대전화 사진첩을 채운다. 자세부터 표정까지 비장함이 느껴진다. 산이 별거는 별거인가 보다.

"산에 오르면 좋아. 마음도 편해지고 온몸이 아프게 시원한 것도 좋아."

산을 좋아하는 부모님은 산을 오르면서 흐트러진 감정을 수습한다. 평소에는 부딪칠 일 없는 생물들이 몸에 닿는 산이 나는 조금 불편하다. 멀리서 보면 동경의 대상이지만 탐험의 의지는 좀처럼 생기지 않는다.

그런데도 산이 좋아 산을 읽는다. 감정이 엉켜 풀 수 없는 날에는 나처럼 산에 오르지 않는 이를 위해 산이 책이 되어 곁을 준 것이 아닐까 생각하며 책을 찾는다.

감정이 엉키면 넘어졌다. 나의 중심이 흐트러져도 툭하면 넘어지는데, 아이가 둘이 되니 세 번 네 번씩 사람에 걸려 넘어졌다. 넘어질수록 무릎이 시큰했다. 내 문제는 가벼운 타박상으로 지나갔지만 아이의 문제로 넘어지면 피가 멈추지 않는 응급환자가 되었다. 그럴 때마다 나는 토닥여 줄 나의 어른이 필요했다.

"아빠가 쓰다듬어 주면 잠도 잘 오제? 아빠 손이 약손이라."
"마이 컸네 우리 딸."
"괜안타. 아빠가 있는데 뭐 걱정이고?"

어릴 때 울고 있으면 아빠가 다가와 꼭 등을 쓸어주셨다. 손바닥은 까끌까끌했지만 아빠의 목소리는 너무도 부드러워 무슨 일이든 한결 괜찮아지곤 했다. 잠이 드는 줄도 모르고 스르르 잠이 들었다.

엄마가 되니 내 자식 등 쓸어주느라 나를 방치한다. 마음을 어루만져 쓰다듬는 아빠의 손길이 나는 여전히 필요한 아이인데 말이다.

정서적 허함을 몸이 느끼면서 나는 활자를 찾았다. 피폐해질 때마다 언어를 눈에 담고 소화했다. 거기에는 수많은 시인의 말이 있었다. 시인의 위로는 나를 괜찮게 하는 마

법처럼 아빠의 손이 되어 내 등을 쓸어내린다.

날씨는 따뜻하고 나는 추운 날이었다. 오랫동안 깊은 마음을 나눈 친구와 서로 아프게 찔렀다. 눈물은 나는데 봄이 처연하게 예뻤다. 지난 계절, 교통사고로 잃을 뻔했던 생이 다시 주어졌을 때 나는 삶을 감각할 수 있었다. 살아 있다는 것이 만져졌다.

그 봄은 병상에서 다시 오기를 기다리던 그 봄이었다. 순간 나는 몸이 아픈지 마음이 아픈지 분간이 안 갔다. 그저 내가 그토록 누리고 싶었던 봄에 친구가 둔감한 것이 슬펐다.

김사인 시인의 〈조용한 일〉은 그날 내게 온 시다. 실은 고마운 일이 많았다. 그리고 철 이른 낙엽이 곁에 내리듯 내게 내린 것들을 헤아려 보았다. 그 시는 다 괜찮다고, 그저 어른은 그런 마음으로 사는 거라고 나를 다독였다. 그렇게 와서 푹, 닿았다.

상처에 더 민감해질수록 괜찮아야 하는 어른의 삶이 너무 고되지만, 다행히 활자의 포옹으로 나는 제법 무사한 어른이 되었다.

○ 어른스러워야
   사랑받을 수 있다고

김공룡과 나는 닮았다. 웃을 때 잇몸부터 어금니까지 보이도록 입을 벌리고, 눈은 한껏 반달 모양으로 접어 경계를 무너뜨리는 모양이 특히 비슷하다. 밀가루 칠을 한 것처럼 허연 뱃가죽은 물론이고 굴곡 없는 손가락과 작고 반지르르한 손톱의 결도 닮았다.

아무 곳에서나 앉아 책을 읽다가 강아지가 마킹하듯 책을 뿌리고 몸만 일어나는 모양새도 그렇다. 서로의 뒤치다꺼리라고는 반복되는 책 정리가 전부다. 나는 자주 김공룡과 한때 몸을 공유했다는 사실을 체감한다.

마주 보고 있으면 눈빛도 닮았다. 그 아이 눈에는 내가 들어 있다. 그래서 나도 모르게 자꾸 마음을 포갠다. 아이가 울면 내가 더 외롭고 허기진다. 어리광부리는 몸짓과 눈빛으로 사랑받고 싶어 할 때마다 나는 내 어린 날과 조우한다. 나는 김공룡이 나의 어린 날은 닮지 않기를 바라며 끌어안는다.

"그 누구도 너를 아프게 할 권리는 없어. 어른이라도 마찬
가지야. 엄마도 아빠도 선생님도 친구도 너 자신보다 중요
하지 않아."
"엄마도?"
"응, 엄마도. 마찬가지로 너 또한 엄마를 아프게 할 수 없
어. 우린 사랑할 권리만 있어."
"응, 사랑해요."

아이에게 하는 모든 말은 어린 나에게 하는 말이기도 했
다. 마음이 닿으면 아이는 내 목덜미를 힘껏 끌어당겨 제
입술을 내 뺨에 대고 사랑한다고 말한다. 내가 아이를 달
래는지 아이가 나를 달래는지 헷갈린다.
어릴 적 나는 아파도 울고 배고파도 우는 갓난아기 같았
다. 표현하지 못하고 몰래 울었다. 외로워서 울었던 것 같
다. 띠동갑 막냇동생이 생기고 나서는 더 했다. 열세 살의
나는 엄마 품에 안기고 싶었지만, 엄마 대신 동생을 품에
안고 있었다. 그때는 어른스러워야 사랑받을 수 있다고 믿
었다.
감정을 토해낼 곳은 일기장과 책이 전부였다. 누구도 내

감정에 몸을 숙여 들어주지 않았지만, 나무가 준 한 겹의 껍질은 곁을 내어주었다. 글은 늘 바닥에 도사리고 있어 몸을 웅크리고 가라앉으면 낙서 같은 마음을 쓰게 되었다.

그러다 스물한 살, 나는 드디어 기다리던 어른이 되었다. 단단한 척하지만 살짝만 밟아도 깨져버리는 달걀껍데기 같은 알량한 나이였다.

그런데도 사회는 나를 어른이라고 불렀다. 어른의 신분은 나에게 이방인이 될 용기를 주었다. 배낭을 메고 겁 없이 유럽으로 향했다.

두 다리에 힘을 주고 씩씩하게 걸었다. 지도 위를 아무리 걸어도 익숙해지지 않아서 설레었다. 수천 년의 역사를 품고 억겁의 시간을 쌓아 올린 로마 콜로세움 벽을 만지면서 '오늘' 살아 있음을 느꼈다.

길은 자주 나를 잃었고 나도 길을 찾아 헤매기를 반복했지만 그건 별일 아니었다. 억지로라도 어른스러워질 수 없는 낯선 땅에서 나는 걸음마를 이제 막 배운 아이 같았다. 미숙함을 감추려 애쓰지 않았다. 편안했다. 진짜 어른이 그제야 되었다고 생각했다.

아무것도 변하지 않았지만 모든 것이 변한 약 한 달간의 여행을 마치며 나는 이제 떠나지 않고는 살 수 없겠다고 생각했다. 아무래도 상관없으니 떠나고 싶을 때 떠나며 살고 싶었다. 밟아보지 못한 땅에 기대어 살고 싶어졌다.

떠날 때마다 땅은 나를 위로했고, 그 땅을 딛고 나는 성장했다. 교토의 어느 골목에서 나는 엄마가 되고 싶었다. 남편과 둘이 걷는 길을 셋이 걸어도 괜찮을 것 같았다.

아이를 낳은 후 육아에 지치면 친구와 전주로, 제주로 떠나며 여고생 같이 여행했다. 내 웃음소리가 땅에 닿을 때마다 나를 느꼈다.

교통사고로 한쪽 눈의 시력을 거의 잃고 혼자 떠난 홍콩에서는 아직 볼 수 있는 세상을 정직하게 보고 담았다. 크고 작은 일로 수많은 땅이 나와 연결되는 동안 나는 어느새 어른스럽지 않아도 되는 진짜 어른이 되었다.

땅은 그렇게 내 성장판이었다. 떠나지 못하면 여행자의 책을 읽었다. 낯선 땅에서 만난 이야기들을 엿듣고 길이 주는 묵직한 깨달음을 나누어 가졌다.

동경하는 작가의 수도 늘어갔다. 어떤 동경은 나를 초과하기도 한다. 나는 결국 글을 쓰는 삶을 동경하게 되었다. 글이 나를 초과한 것이다. 사랑받기 위해 어른스러워야 했던 내가 글 앞에서 투명해졌던 것처럼 솔직하게 살고 싶었다.

그렇게 읽고 쓰면서 알았다. 나는 그저 해가 지는 볕에 널브러져 나를 사랑하고 싶은 마음이 전부인 사람이었다.

어릴 적 나도 아무 생각 없이 나를 사랑해야 했다. 미움받더라도, 철없이 굴어도 괜찮은 나이였다. 그렇게 아이와 다시 눈을 맞춘다. 김공룡의 눈에 어린 내가 여전히 산다.

"애쓰지 않아도 괜찮아. 너는 이미 충분해."

제 2장

스페인 산티아고 순례길을 걸으면

순례자 여권에 '쎄요'라는 도장을 찍는다

순례자의 길 가운데 걸었던 구간을 인증하고

노고에 관한 보상을 도장 소리로 받는다

아이의 노트에 찍어 준 '참 잘했어요!' 도장은

아이를 들뜨게 한다

잘했다는 칭찬을 눈으로 보고 확인하며 아이는 웃는다

여행은 도장이었다

내가 잘 걸어가고 있다는 확인,

잘하고 있다는 칭찬,

괜찮다는 위로

여행 학원

○ **소모품이**
  되지 않으려고

　부엌 찬장의 식기들이 식탁에 올려지기를 기다리거나 빨래들이 건조대에 힘없이 걸려 있는 모양에서 나를 본다. 자리를 지키고 있는 모든 것은 외로움과 함께 한다. 나는 가끔 멀뚱히 앉아 무엇이 되고 싶은가 생각한다. 까마득한 꿈을 더듬어 본다. 기억이 나지 않는다. 지금의 나는 그냥 내가 되고 싶다.

　결혼 전, 영어 학원과 영재교육원 등 사교육 기관에서 근무했다. 열정이 가득한 사회 초년생이 보기에 사교육 현장에는 마음이 아픈 아이가 많았다. 인지발달은 너무 빠른데 정서가 따라오지 못해 이상 행동을 보이거나 불안함에 늘 우는 아이도 있었다. 가끔은 무언가 잘못되고 있다는 생각이 들었다.

　사랑스럽고 아름다운 아이들이었다. 그들의 표정과 눈빛은 지금도 눈을 감으면 선하게 떠오른다. 인지발달이 빠른 아이들에게 걸맞은 사교육은 물론 필요하지만, 아이들이 세상의 소모품이 될까 봐 조바심이 났다. 나는 그들의 부모 대신 불안을 껴안았다.

"이 선생님, 이상주의자구나? 현실적으로 생각해."

동료 교사에게 한 대 맞은 것 같은 말을 듣고 '이상'과 '이성'은 완전히 각각 다른 행성의 존재임을 알았다. 그러나 나의 이성은 매번 이상에만 머물렀다. 부모를 잃은 아이처럼 모국어를 잃은 아이들이 측은했다.

왜 우리 아이들은 엄마처럼 편안한 언어를 잃고 끼니를 놓쳐가며 외국어 기능 향상에 열과 성을 쏟아야 할까. 가르치면서 자주 울었고 대신 아프기도 했다. 그리고 몇 년 후, 나는 깔끔하게 손을 털고 전업주부가 되었다.

주부의 일상에 익숙해졌을 때쯤, 나는 전에 하고 싶던 공부가 이제는 하고 싶지 않아졌다. 다른 하고 싶은 것이 있는지 생각하면 막연했다. 내가 진짜 무엇을 원하는지 알지 못했다.

좋은 어른이 되었다는 자부심이 있었는데 일을 잃고 나서는 문득 길을 잃은 기분이었다. 하루아침에 버튼을 눌러 생각을 바꿀 수도 없었다. 생각해보니 나 역시 할 수 있는 기능을 가지고 할 일을 찾았던 소모품에 불과했다.

나는 지금 어떤 엄마가 되고 싶은지를 생각한다. 좋아하는 것을 더 좋아하며 사는 엄마가 되고 싶다. 그래서 좋아할 줄 아는 삶을 가르치고 싶다. 어떤 그림을 볼 때 마음이 일렁이는지, 어떤 음악에 내 이야기를 써 내려갈지, 어떤 사람을 만날 때 행복한지 나누는 엄마가 되고 싶다.

쉽지 않았다. 자존감은 툭하면 몸을 웅크리고 바닥으로 가라앉았다. 아이에게 더 많은 교육을 받게 하고 더 많은 스펙을 쌓아주는 사람들 틈 속에서 내 이성을 이상에 두기는 쉬운 일이 아니었다. 나를 보는 시선과 내가 보는 일상이 가끔 시야를 흐릿하게 했다. 그럴 때 나는 아이를 위해서가 아니라 나를 위해 짐을 쌌다. 떠나면 내가 무엇을 보고 살아야 하는지 선명해졌다.

"와~ 얼른요! 동전 주세요!"

여행을 떠나면 거리에서 자주 음악 소리를 만난다. 아이들은 응원 동전을 찾는다. 소리를 따라가면 노인이 낡은 악기를 끌어안고 연주를 하고 있다. 노인은 아무도 신경쓰지 않는다. 김루루는 그 앞에서 춤을 추었다. 춤을 추다가 넘어졌는데 되려 한바탕 웃더니 벌떡 일어나 다시 춤을

추었다.

버스킹은 여행이 주는 서프라이즈 이벤트다. 음악가의 눈빛은 음악을 타고 관객과 통한다. 사람들은 음악으로 달라진 공기의 기류를 함께 만진다.

멜버른 벅스트릿^{Bourke St.}에는 버스킹을 하는 젊은 음악가들이 발길을 잡는다. 주저앉아 들을 수밖에 없는 목소리 옆에서 김공룡은 스쿠터를 탔다. 뱅글뱅글 돌며 음악을 맴돌았다. 음악을 타고 움직이는 아이는 나비 같았다.

그거면 되었다. 아이들은 음악이 흐르면 춤을 추고, 나는 길 위에서 쓰고 싶고 그리고 싶어진다. 아이도 나도 잘 만들어진 소모품으로 살기보다 즐거움과 좋아하는 마음을 정직하게 소모하는 사람으로 살 수 있다면 더 바랄 것이 없었다.

다시 일상으로 돌아오면 여전히 흔들리고 힘에 부치기도 한다. 엄마는 불안 씨앗을 심어 걱정 꽃을 피우는 그런 존재이니 말이다. 그럴 때는 조금 더 자란 아이가 말한다.

"엄마, 나 수학 학원 영어 학원 안 보내줘서 고마워요. 진짜 엄마가 내 엄마라서 다행이에요!"
"그 돈으로 여행 학원에 가는 거야."

○ 첫걸음은
네 힘으로

어쩌면 나의 한 문장을, 그리고 아이의 시 하나를 얻으려 집을 떠나는지도 모르겠다. 지구는 부위별로 색도 맛도 다르다. 새로운 세상에서 부딪히는 모든 것은 새로운 맛의 언어가 되었다.

비행기에서

김루루

구름이 바다에 풍덩 빠졌어요

구름이 땅에 툭 떨어졌어요

아이들이 맛볼 지구는 작다. 한 손에 잡힌다. 지구본을 돌린다. 가고 싶은 나라를 손으로 만져가며 세상을 손바닥 위에 놓아본다.

(김공룡) "세상의 공룡 박물관을 다 가보고 싶은데 제일 큰 박물관쯤은 가봐야 하는 거 아닌가요? 캐나다에 가고 싶어요."

(김루루) "옛날에 엄마랑 아빠만 갔던 홍콩, 나도 가고 싶어요!"

상상부터 시작하는 여행은 이미 시작되었다. 떠나고 싶은 곳은 수없이 많고 내 힘으로 갈 수 없는 곳은 없다.

오른발 한걸음, 여행 경비 마련하기

내게는 어릴 적부터 한동네에 살던 세 명의 친구 C, N, Y가 있다. 스물한 살, 여느 날처럼 모여 Y의 방에서 뒹구는데 누군가 한 명이 호들갑을 떨었다(나는 확실히 아니다. 혼자서는 지하철도 반대로 타던 정신없는 우물 안 여학생이었다).

"유럽을 가자!"
"유럽? 유러~어~업~??"

몸을 벌떡 일으켰다. 심장이 뛰었다. 그리고 Y의 책장에서 아직 버려지지 않은 『사회과 부도』 교과서를 꺼내 세계지도를 펼쳤다. 버스 타고 옆 동네에 갈 것처럼 가벼운 마음으로 지도 안 세상을 처음 넘보았다. 몇 개월 후, 아쉽게도 N과 Y는 여러 상황과 환경에 떠나지 못하고 가장 예민한 나와 만만찮은 C 단둘이 겁 없이 떠나기로 했다.

여행을 준비하면서 처음 날갯짓하는 새처럼 최선을 다해 퍼덕거렸다. 부모님께 통보하고 분주하게 돈을 모아 유럽행 항공권을 결제했다. 땀을 꿈으로 환전하는 기분이었다.

맹숭맹숭하게 살던 나는 태어나 처음으로 피가 끓어올라 뜨거웠다. 열정으로 짊어진 첫 배낭은 너무 무거웠다. 그러나 배낭의 무게만큼 내면에 묵직한 자립을 품게 되었다.

자립은 자기 힘으로 대문 밖을 나설 용기로부터 시작된다. 나는 첫 여행 이후로 부모님의 경제력 안에서 내 꿈을 재단하지 않았다. 혼자 무엇이든 할 수 있을 것 같았다. 나는 이 귀한 경험이 아이에게 전달되기를 바랐다. 겨우 어른의 허리춤밖에 못 자랐지만 충분하다 생각했다.

여행의 시작과 끝은 돼지저금통이다. 나와 남편도 저금통에 돈을 모으고 두 아이도 용돈과 세뱃돈을 저축하여 여행자금을 마련한다. 여행이 끝나면 제일 먼저 텅 빈 저금통에 동전을 넣고 다시 시작한다. 돈은 여행에 빠질 수 없는 조건이다. 그리고 세상에 당연한 돈은 없다. 아이들은 내 생각을 완전히 이해하고 있다. 사정이 이렇다 보니 항공표를 끊고 여행자금을 모으다가 조급해지기도 한다.

"엄마가 아닌 너의 여행이야. 당연히 네가 모아야지."

"엄마 그런데 돈이 많이 부족해요!"

"그래? 그럼 돈을 벌어야지! 어떻게 벌 수 있을까?"

"일을 해요! 음식점 같은 곳?"

"너희는 너무 어려서 일을 하게 할 수 없어. 그럼 엄마 감옥가 하하하."

"그럼 우리 여행 못 가요?"

"그럴 수는 없지. 같이 가야지. 그럼 벼룩시장은 어때?"

"네! 벼룩시장에서 돈 벌어요! 그럼 내가 팔 걸 챙길게요."

봄과 가을에는 벼룩시장이 자주 열린다. 우리는 가깝고 규모가 큰 시장을 알아보고 신청했다. 그리고 최대한 꽤 비싼 옷, 상태가 좋은 장난감과 전집을 가지고 나갔다. 생각보다 잘 팔리지 않는 날도 있었지만 최선을 다했다. 아이들은 물건을 파는 게 힘들다고 했다. 그리고 돈의 크기를 가늠했다.

몇 번의 벼룩시장으로 돈이 모이면 아이들이 직접 은행에 방문해 환전했다. 신기하고 낯선 다른 나라의 돈을 만지며 환율을 알았다(물론 환율이라는 단어를 들어본 적은 없다). 당연히 몇 번의 벼룩시장으로 여행자금이 마련이 되지는 않는다.

중요한 점은 부모가 손에 쥐어주는 경험이 아닌 스스로 노력해서 가진 경험이었다. 여행은 시작부터 몸으로 배운다. 가족 여행에서 아이는 결정권을 가진 주체자로 여행한다. 첫걸음은 동전 하나로 시작이다.

왼발 한걸음, 여행짐 싸기

여행을 떠나기 전, 아이들에게 여행 가방을 하나씩 주었다. 아이들은 가방을 받자마자 한가득 애장품을 수집했다. 잘 때 안고 자는 인형, 딱지, 다이어리, 60색 색연필, 공룡 피규어, 먹다 만 간식까지 가방 위로 산처럼 쌓아 두었다. 설득해서 하나씩 뺄 때마다 아이들은 대성통곡을 한다.

"내가 이 인형을 두고 어떻게 잠을 자. 나는 이 장난감 없이는 하루도 못 살아."

"잘 들어봐, 이 인형은 너무 커서 가져가게 되면 네 옷 3개는 못 가져가. 옷이 없어서 못 입으면 춥고 창피하잖아."

"그래도 가져갈래! 옷 필요 없어! 하나만 있어도 돼!"

"좋아, 이렇게 집에 있는 네 물건을 다 들고 가면 거기서 예쁜 장난감 사고 싶어도 넣을 자리가 없어서 못 사고 보기만 해야 하는데?"

이렇게 논리가 통하지 않을 때도 물론 있다. 그럴 땐 물욕으로 물욕을 다스렸다. 포기가 어려우면 포기해서 얻어지는 것들로 위로가 되는 게 세상 아니던가. 아이는 눈물을 닦고 벌떡 일어나 물건을 제자리에 정리한다.

"옷은 속옷, 양말, 외투까지 꼼꼼히 챙겨야 해. 날씨를 찾아볼까? 거긴 쌀쌀한 가을 날씨래. 씻고 몸에 바를 로션도 챙겨야지. 넌 아토피가 있으니 큰 로션이 필요해. 그림을 그리고 싶으면 그리자. 얇은 스케치북이랑 색연필은 6자루만 챙겨볼까?"
"엄마, 차라리 여행 가방을 100개 가져가면 안 될까요?"
"안돼. 우리가 가져갈 수 있는 가방은 사람 수만큼이야."

짐을 덜어낼 줄 알기부터 아이들에게는 숙제였다. 여행 준비물에는 필요한 물건과 가져가고 싶은 욕심으로 나눌 수 있다. 여행만 그럴까. 우리는 늘 필요와 욕구를 구분하며 선택하는 삶을 산다.

욕심은 물 머금은 솜처럼 무겁고 축축하다. 아이 문제

앞에서 욕심이 하나라도 늘면 마음의 무게가 늘었다. 그럴 때 멀리 떠나야 했다. 덜어내지지 않는다면 떠나서 버리고 오면 그만이었다.

아이도 그랬으면 좋겠다. 어떤 어려움이 캐리어의 잡동 사니처럼 산을 이루고 있다면 고민 없이 비우고 떠나는 삶을 살기를 바란다. 아이의 가벼워진 짐 가방을 다시 한번 정돈해주며 언젠가 혼자 떠날 아이의 여행을 응원한다.

○ 일시 정지

일상은 CD처럼 뱅글뱅글 돈다. 나는 지금 무엇을 재생하고 있는 걸까. 권태롭다. 남편과 나는 얼굴 근육 하나에서 감정의 태를 읽는다. 눈썹 한쪽을 씰룩거린다. [일시 정지] 버튼을 눌러 줄 타이밍이다.

내 의지와 상관없이 내장을 밀어내고 아이의 자리를 만들어 엄마가 되었다. 숨은 턱턱 막혀도 갈비뼈를 벌려서 아이를 숨 쉬게 했다. 내 자리에 아이를 들이는 일, 세상 모든 엄마는 그것부터 한다.

아이가 자궁에서 빠져나온 날 태반과 함께 나는 사라졌다. 여행을 다니고 봉사활동을 하고 쇼핑을 하고 친구들을 만나는 일상은 꿈처럼 아득했다. 아이가 태에서 나오는 순간 세상이 그냥 그렇게 바뀌었다. 우울감은 아니었다. 내 아이만큼이나 나를 사랑할 뿐이었다.

뒤집힌 세상에서 나를 지키는 방법은 나를 위해 멈춤,

일시 정지였다. 애쓰지 않고 잠시 멈추어야 했다. 한 번씩은 비겁하기도 했다. 마음을 지키기 위해 도망쳤다. 집으로부터 최대한 멀리 떠났다. 울퉁불퉁 튀어나온 가시 같은 감정을 낯선 바람에 깎았다. 그 바람에 다듬어지지 않는 마음은 없었다.

첫째 아이의 일곱 살 생일을 앞두고 혼자서 친구가 사는 홍콩으로 떠났다. 아이의 먹을 것을 고민하지 않고 아이의 할 일을 챙길 것도 없이 내 얼굴만 보고 내가 하고 싶은 일만 했던 그 여행은 완전한 쉼표였다.

그리고 5월 31일, 아이의 생일이 되었다. 아침부터 미안한 마음이 어물어물 들어차려는데 친구가 들뜬 모양으로 나를 분위기 있는 음식점에 데리고 갔다.

"수고했어. 지금까지 애썼어. 너무 애썼어. 네가 엄마 된 날이니 네가 제일 축하받아야지. 제일 많이 먹어야지."

그랬다. 나를 잃고 아이를 얻은 날이 아닌 여전히 여기 존재하는 내가 엄마라는 이름을 얻은 귀한 날. 그날부터 5월 31일은 나의 기념일이 되었다. 혼자 떠난 그해 홍콩, 떠나지 않았다면 더디 왔을 고마운 마음이었다.

이듬해에도 일시 정지 버튼을 눌렀다. 사람을 대하는 마

음이 딱딱해져서 바람이 필요했다. 바람이 많은 제주의 새별 오름을 오르고 싶었다. 몸을 가눌 수 없을 정도의 바람이 거기 있었다. 남편과 나는 한 아이씩 맡아 손을 잡았다.

날아갈 수도 있겠다 싶었다. 바람이 점점 거칠어졌다. 몸이 휘청거렸다. 내가 바람을 막고 아들을 품에 품으려는 순간, 아이의 손이 더 빨랐다. 수술 후 약해져 있던 내 눈을 제 작은 손으로 막아주는 거다.

또 한발 늦었구나. 첫째 아이에게는 고마움과 미안함이 하루도 빠짐없이 뒤죽박죽 섞여 있다. 아이의 손길이 너무 따뜻해서 나는 눈을 감았다. 그리고는 내 겉옷으로 아이를 신생아 싸듯 감싸 안았다. 나는 아이의 얼굴을 내 품에 더 파묻었다. 그리고 말했다.

"공룡아, 너에게 어떤 바람이 불어도 이렇게 엄마가 다 막아줄 거야. 지금보다 더 서 있기 힘든 바람이 불 수도 있거든. 그러니까 학교에서 속상한 일이 생기거나 친구 사이에 힘든 일이 생기면 바람 같은 거라고 불러. 엄마가 막아줄 바람은 네가 살면서 만나는 모든 힘든 일을 말하는 거야."

"힘든 일이 바람이야?"

"응, 지금 부는 이런 센 바람처럼 막 서 있기도 힘들 만큼 아프고 속상한 일이 있을 수 있어. 그때마다 엄마가 이렇게 네가 숨 쉴 수 있게 막아 줄 거야."

"엄마, 그럼 엄마는? 엄마는 안 힘들어?"

"응, 지금처럼 공룡이 엄마 품에서 엄마를 사랑해주면 돼."

"그건 자신 있지."

"그런데 말이야. 두 손 다 엄마를 안으면 지금처럼 걷기가 더 힘들어. 한 손은 균형을 잡고 바람을 보고 걸어야 해."

"응. 그럴게. 그럴 거야 엄마."

우리는 한 손을 잡고 서로를 끌어안으며 바람을 맞고 내려왔다. 1년 뒤, 아이에게 예상치 못한 바람이 불었다. 아이와 나는 정신을 차리지 못했고 휘청댔다. 그러나 새별오름의 큰 바람을 마주 보고 길을 걸었던 것처럼 똑바로 걷고 싶었다. 마음을 다잡았다.

'바람은 제 방향으로 불고 있고 나는 나의 방향대로 간다.'

오름에서 아이에게 한 약속처럼 나는 처음부터 군건하게 아이의 바람을 막아서지도 끌어안아 주지도 못했지만, 아이는 약속대로 한 손은 나를 꽉 잡고 있었다. 균형을 잡고 바람을 보고 걸었다. 바람은 그렇게 지나갔다. 멈추어 돌본 시간은 정직하게 쌓여 있었다.

○ 게으름
교육

게으름? 그게 뭐 어때서. 행복은 때때로 게으름에서 시작된다. 나에게 게으름이란 해먹에 누워 구름이 섞인 하늘을 보는 것처럼 낭만적인 태도다. 최선을 다해 게으름을 피우면 행복이라는 단어를 감각할 수 있다. 나는 열심히 살기만 하고 나를 돌보는 시간이 부족하면 숨이 막힌다. 바다 한가운데에서 발이 닿지 않는 기분이다.

바쁘고 완벽하게 일을 한 하루보다 아이들과 함께 뒹굴며 쬔 오후 3시의 해가 훨씬 더 득이 되었다. 나의 매일이 치열하지 않기를 바란다. 다만 건강하게 게으르기를 바란다.

게으른 날의 제주

5월은 날이 좋으니 학교보다 제주가 어울렸다. 봄과 여름 사이는 처음 학부모가 된 초보 엄마에게도, 학교가 처음인 아이에게도 쉴 수 있는 좋은 펑계가 된다. 딱 보름만 늘어지고 싶었다.

남편은 기업의 노예라 양껏 노는데 눈치를 본다. 눈치 보는 남편 옆에서 함께 주춤하다 나 혼자 아이들을 데리고 일주일 먼저 가 있기로 했다. 나와 두 아이, 셋이서 하는 여행은 첫 배낭여행 때보다 긴장되었다. 그러나 그 일주일은 지금껏 내가 겪어보지 못한 진한 채도의 여행이었다.

시간에 민감한 타인(남편) 없는 세상에서 아이들은 늦잠을 잤고 나는 더 늦잠을 잤다. 끼니를 챙기기 전에 창문을 열고 바다 먼저 챙겼다. 간신히 시침이 12를 넘기 전에 첫 끼니를 먹었다. 가고 싶은 곳을 일부러 많이 만들지 않았다.

오후 4시가 되면 다시 숙소 앞에 놓인 바다를 챙겨 셋이서 손을 잡고 동네를 산책했다. 아이들은 흩뿌려진 까만 별 같은 돌멩이를 주워 모았다. 돌담 넘어 보이는 소박한 시골집을 영화 보듯 구경했다. 동네 어르신들과는 늘 봐왔던 것처럼 인사를 했다. 아이들이 손을 잡고 뛰어가 용기 내어 어르신들께 말을 걸었다.

"할머니 이건 뭐예요?"
"우미(우뭇가사리). 우미. 육지서 완(서울에서 왔니)?"

일손을 멈추고 대답해주시는 어르신들도 작은 아이들

이 반가운 눈치였다. 몇 마디의 제주 방언은 낯설어 알아들을 수 없었다. 그저 할머니들의 따뜻한 시선이 꼬마 여행자들을 웃게 하고 순간을 특별하게 만들었다.

"엄마 지붕 색깔이 다 달라요."
"그러네, 우리 골목 저 끝까지 가면서 빨주노초파남보 색깔 찾아보기 놀이할까?"

어느새 해가 질 준비하고 있었다. 우리는 신나게 지는 해에 물들어가는 무지개색을 찾다가 금세 까먹고 뛰었다. 하늘을 머리에 이고 별방진을 폴짝폴짝 뛰어다녔다.

조금 일찍 눈이 떠지는 아침엔 손바닥만 한 블루투스 스피커를 들고 바다로 뛰어갔다. 블루투스 스피커를 바위 위에 올려놓고 음악과 바다를 같이 들었다. 바닐라 시럽이 잔뜩 들어간 진한 커피는 쌉싸름하게 달았고 아이들은 온종일 노랫말을 바꿔 불렀다. 우리 안에 엄청난 것들을 그해 그 바다에 다 토했다. 바다는 얼마나 많은 이의 토사물이 가라앉았을까.

게으른 메라 상
우리나라의 남쪽에 제주도가 있다면 일본에는 일본인

들이 사랑하는 남부의 섬, 오키나와가 있다. 그리고 오키나와 북부 나키진촌, 바다 끝에 걸쳐진 곳, 현지인들에게 더 유명한 게스트하우스 '무스비야'가 있다.

'사람과 사람을 잇는다'라는 뜻을 가진 무스비야는 오직 사람을 위한 곳이었다. 그곳에서 우리는 게으르기를 청했다. 눈을 뜨자마자 하늘의 면과 땅의 꼭짓점과 바다의 선이 맞닿은 지점을 창문 프레임에 가두어 놓고 보았다. 넋을 놓기에 충분했다.

아들은 해먹을 흔들며 누워서 노래를 불렀다. 나는 커피를 내려 마시고 가져간 책을 들추어 보았다. 남편과 딸은 사람들과 섞여 장난을 쳤다.

무스비야에는 발아래 숨겨 놓은 바닷가가 있다. 키보다 큰 풀이 만든 동굴 속으로 들어가면 압도적인 대자연이 우리를 숨긴다. 바다는 투명하게 속살을 보여주었다. 아이들은 파란 물고기를 찾아다니기도 하고, 모래알만큼 가득한 산호를 주워서 서로의 이름을 만들어주기도 했다. 차려입지도 않고 잠옷 바람으로 놀았다. 바다와 잠옷이라니, 정말 마음에 들었다.

"여보, 몇 시야? 우리 몇 시에 나가지?"

"그냥 있다가 움직이자. 천천히 가자. 지금 너무 좋으니까."

기업의 노예는 몸에 배어 있는 부지런함을 떨치기 힘들어 초조해했지만, 바다가 뜨거워질 때까지 조금 더 게으르기도 했다. 오후가 되자 빳빳한 햇볕에 빨래를 널어두고 몸을 말렸다. 지금도 오키나와를 생각하면 무스비야의 아침 냄새가 진하게 난다.

무스비야의 밤에는 사람들이 모인다. 매일 저녁 8시가 되면 각자 음식을 준비해 나누어 먹고 새로 온 손님과 인사를 나눈다. 우리는 4박 5일을 묵는 바람에 4번 진화한 인사를 했다.

1일 차) "안녕하세요 한국에서 온 유란이라고 합니다."

2일 차) "저는 한국인입니다. 두 아이와 남편과 이틀째 밤이에요. 너무 좋아요."

3일 차) "한국에서 온 유란입니다. 오키나와 3일 차예요. 자랑할 거요? 제가 자랑할 건… 임신과 출산이죠. 저 진짜 애네 빨리 낳았어요. 둘 다(출산 자랑은 일본에서 일하는 한국 사람이 통역해 줌)."

4일 차) "네, 그렇습니다(무스비야 주인장 유이 네가 대신 설명 다 해줌. 내 출산 자랑까지 맡아서 해 줌)."

식사 후엔 자유롭게 모여 친구가 된다. 우리가 묵는 동안 많은 한국인과 일본인을 만났는데, 특히 메라 상은 신선한 사람이었다. 여유로운 사람은 주변 공기를 식히는 힘이 있다고 그를 보며 생각했다.

그는 매일 밤 영롱한 울림이 있는 해피 드럼을 연주했다. 밤바람과 바닷소리에 맞추어 배경음악처럼 듣다 보니 그 처음 보는 요강 닮은 악기의 매력에 빠지게 되었다. 그가 음계를 알려주어 두드려 보자 귀를 거치기도 전에 나의 동공이 먼저 울렸다.

그에게는 신기한 물건이 많았다. 보물섬에서 발견한 것처럼 파란빛의 영롱한 물이 뽀글거리는 물담배도 그랬다. 그는 호기심 가득한 눈으로 보는 나에게 자연스레 물담배를 권했다.

"아니, 너무 예쁘긴 해요. 진심으로 가지고 싶어요. 안타깝게도 저는 비흡연자네요."
"아, 그래도 한번 해 보시죠. 괜찮습니다. 싫다면 너무 슬픈 일입니다. 진심으로요."
"저도 진심으로 슬프네요. 오키나와에 와 처음으로요."

흐리고 구름이 많아 별이 보이지 않는 밤이었다. 물담배의 뽀글거리는 소리에 달이 번졌다. 그는 바다에서 자기만의 몸짓으로 불이 붙은 봉을 휘두르며 춤을 추었다. 그곳에는 바다를 사랑하는 청년이 그렇게 살고 있었다. 셋째 날 아침 눈을 떠 초록빛 잔디를 함께 밟다 내가 말했다.

"메라상, 당신은 신기한 물건이 진짜 많아요."
"맞아요. 나는 신기한 물건을 모으죠. 그냥 지루해서요."
"일을 안 하면요, 그러니까 여기에서 아무것도 안 하고 살면 불안하지 않나요? 당신 너무 젊잖아요."
"맞아요, 나는 젊어요. 그렇지만 이미 많은 걸 하고 있어요."

그가 웃었다. 환하게 웃었다. 내가 고개를 끄덕이며 시선을 아래로 떨구자 그의 맨발이 보였다. 걷는 일도 그냥 하고 있지 않은 사람에게 나는 주제넘은 질문을 했다. 순간 머리를 지구본으로 한 대 맞은 기분이었다. 나는 그가 좋았지만, 한편으로는 하릴없이 아무것도 안 하고 청춘의 시간을 버리고 있다고 생각했는지도 모르겠다.

그때 알았다. 생산적으로 이윤을 창출해 내야만 일이 아니다. 오히려 생산은 타인을 위한 생산이 아닌 나를 위한 생산이 어려운 법이다.

나도 이미 많은 걸 하는 사람이었다. 그림을 그리고 글을 쓰고 아이를 키우고 사람을 사랑하는 많은 일을 하고 있다. 그는 아름다운 사람이었다. 많은 일을 하는 아름다운 사람이었다.

여행의 마지막 날, 그 역시 무스비야에서의 마지막 날이었다. 그러나 다른 숙소에서 묵을 예정이라 볼 수 없다는 소식을 들었다. 주인인 유이네 씨가 그를 위한 사진첩을 준비했다.

그가 보낸 수많은 날이 거기 있었다. 스노쿨링 하는 그, 춤을 추는 그, 바다에 몸을 맡기는 그, 웃는 그… 그는 격렬하게 게을렀다. 사람들은 사진첩의 마지막 장에 롤링 페이퍼를 썼다. 한쪽 구석에 우리도 메시지를 남겼다.

메라 상, 오늘이 당신을 만나는 마지막 날이었다는 걸 몰랐어요. 당신을 못 보고 떠나다니 아쉬워요. 우리는 당신처럼 내일 무스비야를 떠나요. 나는 당신 삶이 진심으로 아름다워 보였어요. 다시 만나면 해피드럼을 또 연주해 줄래요? 우리가 당신의 연주를 들을 수 있는 날이 오겠지요? 어디서든 당신을 응원합니다. 잘 지내요.

－한국에서 루루짱 가족

감사하게도 그날의 늦고 늦은 밤 메라 상이 무스비야에 들렀다. 내가 많이 아쉬워했다고 주변에서 말하자 그는 나를 찾았다. 너무도 고마워했고 나는 해피 드럼 연주를 부탁했다. 늦은 시간이라 부엌 구석에 쪼그려 앉았다. 열린 창으로 바다 소리가 먼저 들렸다.

메라 상은 조용히 연주에 집중했다. 첫날부터 바다 냄새와 바람에 섞여 묘한 울림을 주었던 요강을 닮은 해피 드럼은 내가 만난 악기 중에 가장 아름다운 악기였다. 그의 드럼 소리는 그를 닮아 다정했고 정직했다.

**추억에
소비하다**

우리 집 찬장의 컵과 그릇에는 수많은 여행 씨가 담겨
있다. 모자가 예뻤던 여행 씨, 권태로움이 드러나던 부부
여행 씨, 루루를 좋아해 주던 여행 씨, 말없이 웃어주던 여
행 씨….

나는 물을 마시고 음식을 먹으며 그들을 떠올린다. 내가
산 것은 물건이 아닌 그 날의 분위기와 향기였다. 그래서
여행이 시작되면 추억을 사고파는 벼룩시장부터 찾는다.

제주도 딱지 왕을 이기고 돌아온 김공룡을 이겨라!

일 년에 두 번 봄과 가을, 아파트 단지 내에 벼룩시장이
열린다. 아침에 눈을 뜨자마자 아이는 몸을 푼다. 전날 스
케치북에 적은 안내판에는 '딱지 한 판에 백 원!'이라는 글
씨가 삐뚤빼뚤 귀엽게 쓰여 있다.

아파트 벼룩시장이 열리기 한 달 전, 제주에서 유명한

프리마켓인 벨롱장에 갔다. 매주 상황에 따라 유연하게 운영되는 벨롱장이 어린이날 기념으로 제주 아이들과 콜라보레이션을 기획하여 장을 열었다. 공연과 게임과 놀이도 준비되어 있었다. 김공룡이 물건보다 딱지치기에 꽂히는 건 당연했다.

김공룡의 유치원 선생님은 다름 아닌 딱지 사부다. 딱지에 빠진 남자아이들을 위해 박스와 신문지로 일명 '쎈 왕딱지' 만드는 법을 연구하고 전수해주셨다. 매일 아이와 딱지를 함께 쳐주셨는데, 그 덕에 아이의 실력이 나날이 늘어 남다른 스킬과 힘을 가지게 되었다.

그렇게 선생님은 아이의 인생 딱지 스승이 되셨다. 초등학교 입학을 앞두고 딱지만 치는 김공룡을 보며 자잘한 걱정을 하는 내게 선생님은 말씀하셨다.

"어머니, 걱정 마세요. 따뜻한 아이잖아요. 무엇보다 즐기는 기질이 있어요. 우린 김공룡이 딱지 근육이나 키워 봐요. 분명 자존감은 알아서 클 거예요."

그렇게 아이에게는 유치원 선생님의 신념으로 만든 딱지 근육이 떡하니 장착되고, 그 근력으로 아이는 한 시간 동안 진행된 딱지 결승에서 기어코 제주도 딱지 왕을 이겼다. 그리고 올림픽에서 국가대표가 금메달을 딴 표정으로 의기양양해졌다. 주변에서 행사를 돕던 경찰들에게까지 널리 이름을 알리고 나서야 만족스럽게 그 자리를 박차고 나왔다.

"엄마! 우리 아파트 벼룩시장에서도 이거 해요! 딱지 대회! 내가 열래요!"
"나도 할래요! 오빠는 딱지 치고 나는 책 팔래!"
"좋은 생각이야. 책이든 장난감이든 친구들이 함께 놀면서 참여할 수 있잖아."

셋이서 호들갑을 떨자 남편도 참가비 100원을 받고 딱지에서 이기면 장난감을 하나 고르게 하는 건 어떠냐고 의견을 냈다. 가족이 함께 벼룩시장 딱지 대회 기획을 했다. 아이의 흥분 세포가 파지직 튀는 순간이었다.

드디어 벼룩시장이 열리는 날 아침, 예상과 달리 성황리에 장사가 진행되었다. 남자아이들이 줄을 서서 도전했고 몸집이 몇 배나 큰 고학년 아이들도 속수무책으로 김공룡에게 당했다. 승부욕에 끊임없이 도전하는 아이들을 보며 우리 부부는 미안해지기까지 했다.

그날 김공룡은 100원 딱지치기 시합으로 8,000원이 넘는 돈을 벌었다. 단 몇 명과의 딱지 대결만 진행되리라는 예상과 달리 김공룡의 딱지 실력이 아이들의 승부욕을 자극해버린 것이다.

의도치 않게 사행성으로 흘러 버린 듯한(아이들은 김공룡을 이겼어도 돈만 내고 장난감이나 책에는 관심이 없었다) 첫 번째 벼룩시장은 끝이 났고, 다른 친구들을 더 배려하는 방향으로 다음 기회를 기획하기로 했다.

기타 치는 소녀

캠버웰 선데이 마켓Camberwell Sunday Market은 멜버른에서 규모가 큰 주말 벼룩시장이다. 책, 의류, 그림, 가구 등 벼룩시장이라면 있어야 하는 물품이 모두 있다고 해도 과언이 아니다. 캠버웰의 아침은 마켓으로 향하는 사람들로 가득하다. 그곳은 상상하던 모습 그대로였다.

입구에서는 나이 지긋한 셀러가 오래된 턴테이블을 틀어 음악을 흘려보내고 있었다. 바늘이 LP판을 긁으며 내는 소리로 공기를 채워 배경음악을 만들었다. 중년의 여인이 오랜 식기를 펼쳐 놓고 책을 읽기도 했고 어마어마한 자루 한가득 아이들 장난감을 쌓아 둔 노신사도 있었다.

인형들을 보면 뛰어가 만지던 루루가 발길을 멈추었다. 기타를 들고 앉아 연주하며 노래하는 10대 여학생 앞이었다. 기타 연주가 시작되면 아이와 나는 진중한 방청객이 되었다. 그러다 갑자기 빨간 머리를 한 인형을 덥석 잡은 루루가 내 얼굴을 보고 배시시 웃었다. 기타 치는 소녀의 어머니가 엄지손가락을 내밀었다.

"그 인형은 내 딸이 제일 좋아하는 인형이죠."
"너무 예뻐요. 제 딸도 제일 좋아하는 인형이 될 것 같아요."

엄마끼리 눈빛이 따스해지니 방금까지 연주자였던 기타 치는 소녀가 일어나 루루에게 걸어왔다. 몸을 낮추고 루루에게 눈을 맞춰주었다. 다른 인형들 사이에서 고양이 장난감을 찾아 건네주며 그녀는 말했다.

"안녕, 너 정말 귀엽다. 이 인형은 애완동물이 있어. 여기, 이 고양이야. 너에게 이 인형이 가서 너무 기뻐. 잘 가지고 놀아줘. 이 인형 나랑은 10년을 살았어."
"이 인형은 한국으로 가게 될 거야. 비행기 타고 우리 집으로 데리고 갈게. 예쁜 인형 고마워. 네 덕분에 우리 너무 행복해졌어."
"나도 고마워요."

나는 기타 치는 소녀를 안심시키듯 말했다. 소녀는 다시 자리에 앉아 인형을 품에 안았을 그 손으로 기타를 품에 안았다. 호주의 기타를 연주하는 소녀와 한국의 작은 다섯 살 아이는 빨간 머리 인형으로 연결되었다. 루루에게는 그 인형 하나 선명한 추억으로 남았다. 아이는 수년이 지난 지금도 빨간 머리 인형과 고양이를 보면서 이야기한다.

"엄마 이 인형 호주에 사는 예쁜 언니가 쓰던 거잖아. 그 언니가 나 귀엽다고 했잖아."

우리는 그날 찰리와 롤라 소책자, 스누피 피규어, 내가 사용할 작은 클러치백, 대학생들이 만든 달걀 가방, 아들의 공룡 피규어, 알이 큰 중년 여성의 반지, 누군가가 오래전 어딘가에 보냈을 엽서를 사 왔다. 아이들은 다른 이의 추억을 만나고 소중히 대해주는 소비를 배웠다.

벼룩시장에 화석?

파리 방부 벼룩시장에서 제 주먹만 한 암모나이트 화석을 발견한 김공룡은 박물관을 통째로 얻은 듯 기뻐했다. 그날 만난 벼룩시장의 여행 씨들은 아이에게 공룡 장난감을 쥐여주기도 했지만, 수천 년을 품은 돌덩이의 감동에 비할 수 없었다. 암모나이트를 품에 안고 이미 고고학자가 된 김공룡은 벼룩시장에서 박물관을 만들겠다는 거대한 꿈을 꾸게 되었다.

헬싱키의 히에타라하티 플리마켓에도 아이의 심장을 두드리는 것이 있었다. 불가사리 산호였다. 김공룡은 흥분했다. 내가 고개를 끄덕이자 아들은 불가사리 산호를 5유로에 샀다.

"마치 누가 만든 것 같아요. 신기하네요. 진짜 불가사리인가요?"

"맞아요. 이 불가사리는 캘리포니아에서 왔어요. 2005년에 내가 캘리포니아에 갔을 때 얻었죠. 당신 집은 여기 근처인가요?"

"아 캘리포니아 반대편만큼 멀어요. 한국이요"

"불가사리starfish가 지구를 돌겠네요. 다치지 않게 두껍게 포장해 드리죠."

"하하 맞아요. 별star처럼. 내 아들에게 최고의 선물이 되었어요. 고마워요."

"엄마 우리나라에도 이런 화석들을 파는 벼룩시장이 있었으면 좋겠어요."

멀끔한 청년이 껄껄 웃었다. 청년이 아들에게 인사를 했다. 아이는 불가사리 산호가 깨질까 상할까 걱정하며 두 손에 받아 들고는 감사의 인사를 했다. 고고학자가 꿈인 아들에게 유럽의 벼룩시장은 꿈의 첫 단추였다.

벼룩시장의 손때 묻은 물건이 좋다. 이름도 얼굴도 잘 모르는 누군가와 추억 릴레이 배턴을 주고받는 기분이다. 기꺼이 추억에 소비를 한다. 우리의 여행 가방은 묵직해진다.

○ 어디라도 안단테^andante!

어릴 때 피아노 연습이 하기 싫어지면 멍하게 악보를 보았다. 그러다 사람 같아 보이는 음표에 머리카락도 그리고 졸라맨 팔다리도 그렸다.

사람이 된 음표들이 땅을 닮은 오선에서 춤을 춘다. 손도 잡았다가 모자도 흘렸다가 되돌아가기도 하면서 스텝에 맞추어 소리를 만든다. 나는 그런 악보가 예뻐서 좋았다.

세로 선 안에서 통제된 박자를 맞추는 안정된 균형감이 악보에는 있다. 빠르기는 안단테^andante가 좋다. 걷는 빠르기로 찬찬히 노래하듯이.

천천히 걷자. 서두르지 말자, 덜 보아도 괜찮다. 나는 일상도 여행도 빠르기는 안단테가 좋다.

최악의 일요일

멜버른에서 보낸 첫 번째 일요일은 최악이었다. 오전에

캠버웰 선데이 마켓에 갔다가 오후에는 퍼핑빌리 토마스 기차를 타러 갈 계획이었다. 교통편을 알아보고 시간을 확인했다. 하루가 완벽할 거라는 기대가 있었다.

그러나 일어나려던 시간보다 한 시간 늦게 눈이 떠졌다. 준비시간도 예상보다 길어져 타려던 버스를 놓쳤다. 캠버웰로 가는 버스는 한 대를 놓치면 30분을 기다려야 했는데, 설상가상으로 버스를 반대편에서 탔다. 결국, 택시를 타고 우여곡절 끝에 도착했지만 마감 시간이 두 시간여 밖에 남지 않았다. 분주한 마음을 겨우 다독이며 즐겼다. 어찌 되었든 나는 거기에 있었고 벼룩시장은 즐거웠다.

시장에서 나와 기차를 타려고 하자 배가 너무 고팠다. 계획을 세울 때 점심시간 계산을 하지 않은 것이다. 몇 시간을 공복으로 움직일 수 없기에 밥을 먹었다. 너무도 맛있던 그 날의 점심은 잊을 수 없다. 그러나 식사 후 시간표를 확인하니 퍼핑빌리로 가는 마지막 차편을 놓치고 말았다. 결국 참아 온 짜증이 결국 한 번에 폭발해 버렸다.

한 번뿐일 수도 있는 멜버른이었다. 여행에 실패한 기분이었다. 날씨마저 완벽했기에 더 화가 났다. 일기예보를 확인했을 때 오늘이 지나면 맑은 날이 없었고 남은 일정 동안 퍼핑 빌리를 갈 수 있을지는 불투명했다. 양껏 짜증내다 보니 아이들이 내 눈치를 보기 시작했다. 여행을 내 손으로 망치고 있다는 걸 알았다. 아이가 태어난 후 식사 시간 하나도 계획대로 되지 않는다는 걸 이미 알고 있었으면서 왜 계획대로 여행할 수 있다며 오만했을까.

사실 오전 내내 조금 돌아가고 오래 걸렸을 뿐 최고의 시간을 보냈었다. 너무 맛있는 식사와 아름다운 사람들이 완벽한 하루를 만들어주었다. 그러니 여행을 망치는 건 짜증을 선택한 일방적인 내 태도뿐이었다. 나는 다시 우리의 여행을 지키고 싶어 툭 털고 일어났다.

햇볕이 쏟아지는 오후 3시였다. 오후 3시는 마음이 분주하면 한없이 조급해지지만 여유를 두면 하루의 질을 바꾸어 놓을 수 있는 시간이다.

갈 곳 없는 여유로운 오후 3시에는 산책이 좋다. 평소에도 하루를 풍성하게 채우는 에너지는 천천히 걷는 길에 있었다. 아이들이 다니는 학교 옆 산책로가 그랬다. 물을 따라 걷는 길은 호흡을 조절하게 했다. 날이 좋으면 조금 멀리 나가 대학로의 호수를 돌았고 생각을 이완했다.

버스를 타고 야라 강으로 갔다. 멜버른에 온 후 야라 강을 매일 지나갔지만 걷지는 못했다. 산책로에 들어가자 오감이 열렸다. 강을 둘러싼 나무들이 바스락 소리를 모아 바람에 주었다. 10월의 봄이 한창이었다. 풀 냄새가 났고 오후 3시의 햇빛이 강 위에 굴러다녔다.

공원 한가운데에서는 버스킹 하는 젊은이들이 줄을 이었다. 앉는 곳이 좌석이 되었다. 노래는 빛에 부딪혀 흩어졌다. 며칠 사이, 바람이 제법 따뜻해졌으며 나무가 봄을 뒤집어쓰고 있었다. 한국에는 가을이 얼마나 왔는지 바람은 얼마나 차가운지 궁금해졌다.

아이들은 광장에 설치된 빨간 무대에 올라 예쁜 여자 친구를 사귀어 놀기 시작했다. 신발을 다 벗고 맨발로 뛰어놀았다. 금발의 아이는 신발을 이리저리 던지고 김공룡은 공룡으로 변신해 잡기 놀이를 했다. 웃음소리가 끊이지 않았고 적대감 없이 어울리는 아이들의 모습이 정말 예뻐 동영상을 찍었다. 놀이가 끝날 때까지 기다렸다. '나는 이것을 하려고 이곳까지 왔구나!' 여유를 머금은 그 틈에서 나는 진짜 여행을 했다.

플린더스 역도 아니었고 좋아했던 드라마 〈미안하다 사랑한다〉 촬영지도 아니었으며 박물관, 미술관도 아니었다. 벤치에 앉아 하늘을 보다 음악이 들리면 듣고 아이가 놀면 기다리러 왔다. 긴장이 풀렸다. 남편의 손을 잡고 신나게 노는 두 아이를 바라보았다. 바람조차 안단테로 불었다. 천천히 걷는 빠르기로 느리게, 그 일요일은 내 시간의 모든 템포를 바꾸었다.

○ 놀이터만 기억나도 괜찮아

시드니 달링 하버를 가면 마의 구간이 있다. 바글바글 아이들 소리와 물과 모래와 놀이기구가 완벽한 조화를 이루는 텀바롱 놀이터다. 놀이터 입구 바닥에는 미로처럼 만든 흐르는 물이 있다. 흐르기만 하는 물이 아니라 바닥 미로의 수문을 열거나 닫으면서 물길을 바꾸고 물을 모으며 가지고 놀 수 있다.

많은 아이가 나뭇잎을 물 미로에 띄우고 따라다니며 놀았다. 몇 시간 동안 나뭇잎 한 장으로도 충분히 즐거워했다. 그 놀이터에 반해 첫날부터 떠나는 날까지 하루의 종착지는 무조건 달링하버였다.

놀이터에는 여행을 일상처럼 만드는 힘이 있었다. 미끄럼틀이나 거미줄 같은 구조물에 대롱대롱 매달린 아이들을 넋을 놓고 보고 있으면 여행자의 신분은 잊는다. 아이들은 처음 보는 파란 눈동자를 가진 친구와 눈을 맞추고 물장

구를 쳤다. 젤리나 초콜릿도 나누어 먹었다. 인기 많은 놀이기구를 타자마자 다른 친구에게 양보해주기도 했다.

"엄마 내가 왜 양보했는지 알아요? 양보해달라고 한 걸 내가 알아들었거든요!"

아이는 영어를 하지 못해도 가능했던 다른 나라 친구와의 소통을 신기해했다. 첫 산책을 하는 강아지처럼 폴짝거리며 뛰어다녔다. 유독 작았던 루루는 이름 모르는 금발 언니의 품에서 미끄럼틀을 탔다. 그게 시드니 여행의 전부다. 사전에 작성해 둔 위시리스트를 삭제하고 하루 중 다른 일정의 시간을 줄여가며 달링하버 놀이터만 찾아갔다.

우리가 언제 아이들의 놀이를 이렇게 지켜봐 주었던가. 다시 오지 않을 아이의 여섯 살을 눈에 천천히 담았다. 몇 년이 지났지만 눈을 감으면 생생하게 생각난다. 뒤섞인 언어의 아이들 소리, 물을 끌어올리는 움직임, 둥둥 떠다니는 나뭇잎, 갈매기, 파라솔, 매일 마신 플랫화이트.

"시드니에서 뭐가 생각나냐고요? 아! 매일 갔던 그 놀이터요. 또 가고 싶다. 거기 진짜 재밌었는데."

"괜찮아, 엄마가 다 기억해. 눈빛, 몸짓, 말까지 다 기억해."

아이들은 시드니의 놀이터만 기억한다. 굳이 무엇을 더 기억해야 할까. 그 놀이터에서 나는 평생 아이의 놀이를 뒤에서 지켜봐 주는 엄마가 되고 싶었다. 시드니는 앞에서 걷던 나를 아이의 뒤로 데려다 놓았다.

○ 거기, 책방

좋아하는 작가의 신간은 서점에서 누구의 손길도 닿지 않았을 것으로 골라온다. 우유를 고를 때처럼 선반 안쪽 깊숙이 손을 넣는다. 모서리를 확인하고 손이 벨 듯 날카로운 날 것의 것으로 잡아 꺼낸다. 좋아하는 마음은 가끔 유난스럽다.

무엇이 읽고 싶은지 모르는 날은 서점 구석에 쪼그리고 앉는다. 책장의 빼곡한 책을 가만히 보면서 제목들을 소리 내어 읽는다. 시선을 끄는 표지나 제목을 뽑아 든다. 책장에서 무수한 날 동안 머금고 있던 책의 냄새를 맡으면서 보물 지도가 이런 냄새일까 생각한다.

여행 중에도 서점을 간다. 직접 눈으로 보고 싶은 서점이 생기면 목적지로 둔다. 아이가 걸림돌이 되지는 않았다. 일단 서점에 들어가면 각자의 취향대로 책을 찾아본다. 물론 잘 정돈된 작은 책방은 눈치 없는 아이들과 머물

기에 불편해지기도 한다.

그러나 아이를 배려해주는 서점에서는 내 책 한 권만 사지 않고 온 가족이 한 권씩 사 들고 나왔다(아이들을 함께 키워내는 옳은 시선을 가진 자영업자들이 더 부자가 되고 더 많이 생기기를 응원한다). 내 방식대로 책을 사랑하는 길이었다.

결혼 전,『유럽의 책마을을 가다』(정진국 저 | 생각의나무 | 2008.5.1.)를 보고 책 한 권을 대하는 마음이 달라졌다. 쓰고 출판하고 판매하고 헌책으로 다시 시장에 놓이는 책의 여정이 역사 그 자체였다.

고서적古書籍들을 찾고 책이 있는 곳을 찾아다니는 작가의 마음을 닮고 싶었다. 마음과 달리 뇌가 따라주지 않아 내 생에 언어의 한계를 끝끝내 넘지 못했지만, 어느 나라라도 서점에 들어가는 순간 혼자 이방인 해제 모드를 누른다.

오키나와 울랄라 서점

『오키나와에서 헌책방을 열었습니다』(김민정 역 | 효형출판 | 2015.12.5.)의 저자이자 헌책방의 주인인 우다 도모코 씨는 오키나와 국제거리에 있는 마키시 공설시장 한쪽에 세상에서 제일 작은 서점을 열었다. 오키나와에 가야겠다고 마음먹었던 이유는 이 책 속의 서점을 꼭 눈으로 보고 싶

어서였다.

　복잡한 시장 안에서 작은 서점을 찾기란 쉽지 않았다. 주변 상인들에게 물어물어 겨우 '울랄라 서점'을 찾아냈다. 재래시장 한가운데에서 다소 동떨어진 나무 간판을 우아하게 달고 있는 서점이였다. 그러나 하필 일요일은 휴무(여행은 휴무라는 변수가 제일 공포스럽다)였다.

　다음 날, 다시 찾은 서점은 우다 도모코 씨와 함께 불을 밝히고 있었다. 생각보다 더 작았다. 그 작은 공간에 알 수 없는 한자와 일어가 가득한 책이 빽빽하게 쌓여 시큰한 냄새가 났다. 도모코 씨는 방문객에게 눈인사만 건네고 묵묵히 자기 일을 했다.

　"저… 안녕하세요?"

　"아, 안녕하세요. 무얼 찾으시나요?"

　"이 서점이 궁금해서 왔어요. 어제도 왔었는데 닫혀 있었거든요. 당신 책을 읽었어요. 팬이에요. 제가 너무 좋아하는 책입니다."

　"아, 감사합니다. 어제는 서점을 닫는 날이었어요. 그런데 어디서 오셨어요? 한국?"

　"네. 한국이요. 한국어판 책이 여기 있네요."

　"한국에 친한 친구가 있어요. 사진을 찍어요. 사진집이 있는데 보실래요?"

나는 한국어판 책을 들고 웃었다. 어색해서 더 웃었다. 문제는 그녀가 나보다 더 어색해했다. 일본어를 못하는 내가 읽을 책이 자신의 서점에는 없어 보였는지 그녀는 한국 작가의 사진집을 펴주었다. 그러나 아쉽게도 내 취향은 아니었다. 다만 그녀와의 어색한 시선 처리를 하기에 좋았다.

나는 사진집을 넘기며 웃었고 몇 권의 그림책을 조금 구경하다가 서점이 그려져 있는 엽서와 작은 소책자를 사서 나왔다. '거기 있을까?' 했다가 '거기 있구나!' 하는 그 실제가 벅찼다. 대단한 무언가가 없어도 보는 것으로 충분할 때가 있다. 나에겐 오키나와의 울랄라 서점이 그랬다.

금산 지구별 그림책 마을

그림책을 좋아한다. 소장하고 싶은 그림책을 모으다 보니 아이들 책장이 아닌 내 책장에도 그림책이 꽤 쌓여 있다. 금산 지구별 그림책 마을은 국내외로 알려진 그림책들을 거의 만날 수 있는 곳으로 우리 가족의 첫 '북 스테이book+stay'였다.

늦은 밤에는 북 스테이 하는 사람들만 도서관을 이용할 수 있는데 가족끼리 덩그러니 도서관에 있다 보면 도서관을 통째로 빌린 기분이 든다. 아이들이 그림책에 파묻혀 집중하는 밤이 좋았다. 밤이 늦도록 책을 보다가 잠이 들었다. 사람에게 필요한 것은 소란스럽게 쏟아지는 정보가 아닌 고요함에서 오는 사유라는 확신이 들었다.

아침에 눈을 뜨자마자 손을 잡고 산책을 했다. 앞마당 큰 공원 구석구석에도 책이 있었다. 고장 난 스쿨버스 안에서도 읽고 고택 마루에서도 읽고 벤치에서도 누워 읽다가 작은 미로 정원을 뛰어다녔다. 매일 그렇게 살고 싶었다. 뛰다가 놀다가 읽다 보면 아이는 자기도 모르게 키가 자라고 나는 좋은 어른이 되어 있으면 좋겠다.

봄이 되면 아이들은 지구별 마을 이야기를 한다. 햇살에서도 책장을 넘기는 소리가 나던 늦봄의 서점 여행은 추억만 해도 몸을 간지럽힌다.

옆집이 서점이라면

헬싱키에 머물 때 숙소로 삼았던 핑크빛 작은 아파트는 두 아이와 지내기에 너무도 좋았다. 제일 좋았던 건 아침에 눈을 뜨면 그 작은 원룸에 셋이 누워 뒹굴뒹굴하다 책을 읽는 것이었다.

아이들은 틈만 나면 바로 옆 동 1층, 헌책방으로 달려갔다. 대부분 애니메이션 책자와 잡지를 다루고 있는 책방이었다. 핀란드어는 모르지만 우리는 매일 헌책방에 들려 곰돌이 푸와 무민, 틴틴, 미키마우스 책자를 샀다. 만화 속 그림만 보면서 글씨는 한국어 상상 번역으로 읽었다.

"엄마 우리 집 옆에도 이 서점이 있으면 좋겠어요."
"그럼 우리는 밥은 못 먹겠다. 밥값 대신 책값으로 매일 돈을 얼마나 쓰겠니?"

그래도 내심 상상은 해보았다. 내가 사는 집 바로 옆에 헌책방이 있다면 매일 지나는 길이 얼마나 들뜨게 될까. 새로 들어온 책은 어떤 책일지 상상하는 것도 좋고, 손때 탄 책과 누구의 손길도 타지 않은 책이 어울리는 모양새도 좋겠다. 새 주인을 기다리며 풍기는 냄새가 오전 7시 아침 식사 시간에 식빵 냄새 풍기듯 풍긴다면 책이 고픈 날에는 얼마나 참지 못할까.

"어제는 못 봤네요."

서점을 그냥 좋아하는 마음이 일주일 동안 하루도 빠짐없이 출근 도장을 찍게 했다. 배가 장독대를 품고 있는 것처럼 크고 수염이 멋들어진 주인아저씨가 우리를 알아보고 말씀하셨다.

"아, 어제는 저녁에 왔었어요. 그런데 아저씨 말고 다른 사
람이 계셨어요."
"그는 내 친구예요. 저녁에는 그가 일해요."
"아, 저는 아저씨가 없어서 속상했어요. 하하하, 우리는 핀
란드 여행이 내일이 마지막이거든요. 이 서점이 너무 그리
울거예요."
"고맙군요. 그럼 내일은 꼭 아침에 와주세요. 작별 인사를
합시다."

헬싱키 골목 작은 서점의 단골이 된 우리는 배불뚝이 콧
수염 아저씨를 다시 만날 헬싱키 여행을 기다린다.

멜버른의 책방들

멜버른의 자연사 박물관은 김공룡에게 천국이었다. 특
히 기념품 가게에는 온갖 종류의 수준별 공룡 책이 있었
다. 좋아하는 마음이 크면 그 대상에 온 신경이 향한다. 책
을 좋아하고 공룡을 좋아하는 그에게 얼마나 전율이 흘렀
을까.

야라 강 사우스 게이트 쪽을 산책하다가 우연히 들린 메

리 마틴 서점MARY MARTIN BOOK SHOP은 아동 도서가 많았다. 화려한 색들의 장난감과 영유아 책들이 다양해 오랜 시간 머무를 수 있었다.

창의적이고 감각적인 책들은 빅토리아 국립 미술관NGV 안의 서점에서 볼 수 있었다. 세계적으로 인정받고 있는 그림책 작가들의 작품은 물론이고 분야별 교재나 그림책으로 소장 가치 최고의 책들을 쉽게 찾을 수 있다.

그중에서 제일 추천하고 싶은 곳이 있다. 무려 '책 아울렛book grocer'이다. 화보부터 만화책, 소설, 아동도서 등 볼거리가 풍부한 이곳은 모든 책이 10달러라는 착한 서점이다. 스티커 북, 옷 입히기, 동화책, 스누피 미니북 등 아이들이 보고 놀 책도 많다.

국내외 서점을 돌아다닐수록 이곳의 책이 얼마나 싼지 알 수 있었다. 첫날 마음에 드는 화보를 발견하고 털퍼덕 주저앉아 책을 살폈다. 빈티지하고 멋스러웠다. 그러나 여행의 시작 지점에서 백과사전 두께의 책을 들고 다니는 데는 용기가 부족해 망설이다 다음으로 미루었다.

책이 눈에 밟혀 며칠 후 다시 방문했으나 아쉽게도 품절되었다. 재입고 날짜조차 확실치 않다는 말을 들었을 때는 여행자라는 나의 상황에 화가 났다. 아직도 땅을 치며 후회한다. 사랑만 타이밍이 아니다. 물건도 타이밍이다.

여행도 일상과 다르지 않다. 서점이 보이면 일단 열고 들어가 책을 들추어 보기 바빴다. 일단 앉아서 한참을 보고 나면 서점은 놀이터처럼 즐거운 곳이 된다. 아이들도 그곳이 어디든 책 앞에서는 주변의 소리를 닫고 바닥에 주저앉는다. 세상이 어떻게 흔들려도 책방 문을 두드리고 머문 자리에서 책을 읽기를, 아이의 뒷모습을 보며 소망한다.

○ 우리는 서로를 위로하려고
태어났나 보다

　아이의 살 냄새는 마약이다. 막대 사탕을 입에 물고 쫑알거리면 달큰한 사탕 냄새와 아이 살 냄새가 섞여 몽롱하게 취한다.

나이가 들어 행여 우리가 멀어지더라도

고민을 내게만 나누지 않는 날이 오더라도

싸우고 오래 토라져 지긋지긋해지는 날이 오더라도

지금 말랑이는 네 살과

땀에 젖은 목덜미와

달콤한 사탕 냄새와

목젖이 보이도록 크게 웃는 입매와

목을 끌어안는 두 팔은 생생하게 남을 것이다.

그러니, 나는 힘껏 눈에 담는다.

위로 여행

모든 것을 제자리에 두고 덩그러니 이방인이 되면 낯선 길, 낯선 사람, 낯선 문화 속에서 익숙함은 더 선명하게 보인다. 더 자세히 봐 주기 위해 떠나는 길은 서로를 위로했다.

1. 오랜 시간 눈 마주치기.

2. 온종일 손잡고 있기.

3. 먹고 싶은 음식 무조건 먼저 물어보기.

4. 소풍 함께 준비하기.

5. 농담 진지하게 들어주기.

6. 시답잖은 수수께끼 맞추기.

소홀했던 일상의 빚을 갚는 여행의 할 일 목록이다. 하나씩 해나가면 아이 눈에는 꽃이 핀다.

"엄마 좋아요."

김공룡과 단둘이 유후인 여행을 떠났을 때 하루에 열 번 이상은 김공룡에게 들은 말이다. 벌을 받느라 쉬는 시간에도 자리에서 움직이지 말라는 학교를 아이는 괜찮다 했지만 내가 보내기 싫었다. 수업을 거부하고 온종일 둘이 손을 잡고 뛰어다녔다. 온종일 걷고 숨이 찰 때까지 뛰고 발라당 드러누워 놀았다.

도망자의 여행이었다. 애틋함은 몇 배가 되었다. 걷다가도 서로 마주 보고 여러 번 안아주었다. 끌어안는 몸짓의 끝에는 매번 아이의 고백이 있었다. 나를 좀 다독이다가 한 번씩 아이의 말을 들어주려고 우리는 먼길을 떠나 왔구나 싶었다.

"엄마랑 단둘이 여행해서 진짜 좋았어요. 첫 번째는 원래 내가 엄마 옆에 있으면 루루가 머리를 막 집어넣어서 끼어들잖아요. 근데 루루가 없어서 엄마를 안아도 오래 안을 수 있어서고요, 두 번째는 음. 그냥 감사, 고마웠어요. 준비해 줘서."

낯선 느낌마저 들었다. 매일 집에서 껴안고 있었지만 언제 이만큼 자랐는지 말은 언제부터 유창했는지 기억도 나지 않았다. 갑작스러운 아이의 고백에 떠나오길 잘했다고, 왜 벌을 받고 있는지 다그치지 않고 아이를 데리고 무작정 오길 잘했다고 나를 쓰다듬었다. 그리고 아이를 더 끌어안았다.

위로해주려고 거기 있었지

나를 위로하기 위해 자리를 지키는 것들을 다시 글로 위로해주는 삶을 살고 싶다. 아이들의 걸음이 하늘, 들풀, 바다, 조개, 꽃망울 그리고 작은 벌레들의 위로를 알아챌 만큼, 딱, 그만큼의 느린 걸음이었으면 좋겠다.

바다

바다의 보풀보풀한 면에 비친 해가 예뻐서 헬싱키의 바다를 좋아했다. 태초에 하나님께서 사람보다 물을 먼저 만드신 이유가 더 성숙한 물이 사람의 얄팍한 감정을 안고 흩어져 주라는 뜻이 아니었을까.

물을 보기만 해도 나는 머리까지 잠기는 상상을 한다. 청명한 공기를 들숨에 가득 채워 물속에 들어가면 정리되지 않은 감정이 물 속에서 흩어진다. 숨을 뱉으면 나는 물에서 나와 가볍게 걷는다. 상상만 해도 몸이 가벼워진다.

바다를 지키는 모래사장에 내 이름을 꾹꾹 눌러 쓴다. 그러다 생각 없이 모래를 뒤져가며 조개를 줍는다. 매일 조개나 주우면서 살고 싶다. 다시 바다를 보았다. 바다는 파도를 끌어안으면서 깊은 파동에도 몇 번이고 잔잔해지려 했다. 생각의 소란이 바닷속으로 가라앉는다.

길

어떤 길은 글을 만든다. 자고 일어나니 메모지에 서툴게 쓴 아이의 글이 있었다. 시를 보니 제주의 길을 다시 펼치게 된다. 제주의 길은 낮고 단단하여 편안했다. '내면의 길을 이렇게 만들어야지. 둥글고 평평한 돌을 주워 천천히 쌓고 낮지만 단단하게 만들어야지. 억지로 뻗어 나간 마음보다 조금씩 구부러진 마음으로 살아야지' 생각했다.

돌담길

김루루

돌담이 예쁜 제주

벌레가 많은 제주

땅이 지렁이 같은 제주

제주도가 좋아요

봄꽃

연년생으로 둘째를 낳은 첫 여름이었다. 둘째 아이를 안고 첫째의 끼니를 걱정하고 있었다. 나는 배가 고프지 않았다. 그렇지만 냉장고를 열었다. 밥을 차리려다 하기 싫어졌다. 그대로 냉장고 앞에 쪼그려 앉아 휴대전화를 열어 사람들의 메신저 프로필 사진을 구경했다.

하늘거리는 미니스커트를 입고 찍은 친구의 사진이 예뻤다. 친구들끼리 여행을 간 다른 친구의 웃는 얼굴은 작년보다 더 다듬어지고 빛이 났다. 나는 핸드폰을 덮었다, 그리고 다시 밥을 차렸다.

아이들과 집 근처를 한 바퀴 돌았다. 즐겁지 않은 여름의 햇볕이 얼마나 뜨거운지도 느껴지지 않았다. 그러다 그제야 피워 낸 봄꽃, 철쭉 한 송이를 만났다. 7월, 봄꽃은 봄과 함께 져버렸는데 그 자리에 혼자 덩그러니 꽃을 애써 피운 늦은 철쭉을 보니 눈물이 났다. 철쭉은 정해져 있는 시기는 없다고 말하고 있었다. 봄에 피지 못한 그 철쭉을 오래도록 바라봐 주었다.

병상에서 겨울을 통째로 잃고 다시 봄이 왔다. 택시를 타고 병원을 갔다. 창밖으로 계절을 거스르지 않고 찾아오는 봄꽃들이 보였다. 꽃들은 분명 내게 잘 살아 있다고 말해주려고 피었고 날았다. 꽃을 보며 살아갈 생이 내게 아직 남아 있어 감사했다. 택시는 흩날리는 꽃을 무심하게 가로질러 갔다.

제 3장

아이의 질문에는 그 자리에서 즉각적으로

대답해줄 수 있는 것들이 있고

1년, 2년, 어쩌면 평생에 걸쳐 대답해주어야 하는 것들이 있다

"엄마 동시가 뭔데요?"

첫 질문은 일곱 살이었지만 수년 동안 아직도 대답 중이다

아이의 시

○ 노래가 되는 시

마트에서 제 몸만 한 상어 인형을 꼭 끌어안고 아홉 살 김공룡이 말했다.

"엄마 나는요. 인형도 생각한다고 생각해요. 슬프기도 하고 보고 싶기도 하고 그런 거요."
"네가 시를 사랑해서 그런가 봐. 마음은 마음으로 보는 거니까, 네 마음이 그걸 보는 거야."

시를 읽으면 마음이 먼저 내려앉는다. 내려앉은 마음은 시인의 말에 오래 머무른다. 그래서 시를 곁에 두면 머무르고 싶은 어른이 되지 않을까. 나는 가끔 기대한다.
아이와 첫 시를 쓰던 날이 생각난다. 온종일 노래 부르는 아이와 동요를 개사하며 첫 시를 썼다. 아이는 시가 쉽다고 했다. 어른보다 아이에게 쉬운 것들은 대부분 아름답고 순하다.

달

김공룡

바나나 닮았네

먹지는 못해요

하늘에 있어요

깜깜해야 보여요

(산토끼 노랫말 개사)

"와, 너무 예쁜 노랫말이야. 동시 쓰기 진짜 재미있네!"

"엄마, 너무 시시해요."

"시시해? 아, 다행이다. 세상엔 시시한 일이 가득하고 엄마
는 너랑 그 시시한 일을 하는 것이 제일 소중하거든."

"엄마는 시시한 거 좋아한다고요? 왜지? 난 시시하면 귀찮
던데."

"응, 정말 좋아해. 그래서 엄마는 너랑 이렇게 시시한 동시
쓰기도 계속하고 싶어."

"아, 귀찮은데……."

"아, 이건 우리 비밀 작전이야. 우리가 앞으로 많은 시를 쓰
고 있다는 것을 아빠도 친구들도 모르게 하자. 그리고 네가

지은 동시들을 하나씩 하나씩 엮어서 한꺼번에 폭탄처럼 던져주자. 어때?"

"비밀…? 아빠한테도요? 응, 좋아요. 할래요! 진짜 깜짝 놀라게 해줄래요."

작전은 시작되었다. 공격, 미션, 배틀 같은 단어로 아들의 전두엽을 노크한다. 아이의 생각에 유연하게 반응하고 크게 웃어주며 할 수 있는 모든 응원을 부어준다. 시도 그렇게 놀이가 되었다. 아이는 시와 시간을 가지고 천천히 친해졌다.

초등학생이 된 아이는 도서관 수업에서 시인 선생님께 시를 배우기도 했다. 한 편의 시가 책에 실리는 기회도 생겼다. 시는 언어가 주는 가장 소박한 모양의 축복이었다.

나는 날파리야

김루루

내가 너무 빨리 나나?

그래서 나한테 박수치니?

(<동시 발전소> 2019. 여름호)

아이의 일상에는 시가 수시로 찾아온다. 김공룡이 초등학교에 입학하고 1학년이 된 첫 주였다. 학교에서 집으로 돌아온 아이가 낯선 이름이 적힌 종이 한 장을 내밀었다. 친구가 생겼단다. 삐뚤빼뚤한 글씨에서 애정이 보였다. 외롭고 낯선 교실에서 먼저 다가와 준 친구에게 아이는 감동했던 모양이다. 아이는 꽃이 된 것 같았다고 했다.

종이에 적힌 고마운 첫 친구들의 이름을 나도 불러보았다. 내 마음에도 꽃 한 송이가 핀다. 입술 끝에서 전해지는 온기에 금세 마음이 묵직해져 든든해진다. 오래전 내게 다가와 주었던 학창 시절 친구들의 이름도 맴돌았다.

꽃이 된 날

김공룡

나랑 같이 친구 할래?
두근두근 두근두근

친구가 웃어요
이제 외롭지 않아요
나는 꽃이 된 것 같아요
방긋방긋 웃음이 나와요

김춘수의 시 〈꽃〉을 그제야 이해했다. 우리는 그 시절 꽃이 되어주며 성장했다. 어른이 되면서 상처에 민감해질수록 꽃으로 살아지지 않았다. '좋은 사람이지만 나와는 맞지 않는 사람들' 틈에서 살아남으려 고개를 빳빳하게 세웠다. 어느새 구부리면 부러지고 마는 마른 나뭇가지가 되어 있었다.

꽃 같은 우리 아이들에게 바란다. 간간이 외로울 때 소란스럽지 않아도 풍요로운 정을 나누기를, 고운 언어로 따뜻하게 곁을 내어주기를 말이다. 닳아 있는 모서리를 서로 쓰다듬어 주는 친구가 되어주고 마른 나뭇가지 위에 꽃으로 피어 있어 주기를, 간절히 바란다.

많은 시간을 고스란히 '시가 무엇인지 어떻게 대답할까?' 고민하고 있다. 시 주위를 뱅뱅 돌아본다. 여행하고 산책할 때는 물론 음악을 듣거나 책을 읽다가 또 창문 앞에서 틈틈이 아이의 손을 잡고 노래한다. 우리가 부른 노래는 시가 되어 준다.

○ 감정 소화제

   아이가 토하듯 울었다. 아이가 상처를 받으면 이성은 빈 곤해지며 감정은 과잉이 된다. 아이 눈물 앞에서 차분할 어미가 얼마나 될까. 그런 바위처럼 단단한 부모가 정말 있기는 할까.

   "그래서, 왜 그러는데?"

   "엄마 나는 첫 번째 이름에 ㅇ이 안 들어가서 친구가 아니 래. 나는 친구 안 해준대. 엉엉"

   "지난번엔 혼자 반짝이 색종이가 없다고 친구가 아니라 했 다며?"

   "응. 그래서 나만 종이접기 안 해줘. 엉엉."

   내 아이가 아니라면 귀엽다고 웃음을 피식 흘리고 말았 을 일이다. 그러나 아이가 초등학교 1학년이면 부모의 정신 연령도 딱 그때로 돌아간다. 이런 가벼운 일 앞에서 무너지고 울분을 토하는 어른이라니… 피 토하듯 눈물을 토하는 아이 표정에 가슴이 먼저 무너진다. 가엾다. 감정에 치우쳐 화를 내고 욕을 해주고 싶지만 나는 어른이다.

그저 내 아이를 한 번 깊게 안아줄 뿐이다. 아이는 품에 안겨야 울음이 잠잠해진다. 아이의 어떤 감정 앞에서도 엄마는 대신 겪어 줄 수 없다. 이따금 겨우 한 쪽 품을 내어줄 수밖에 없는 존재다.

"엄청 서운하고 속상했겠다. 엄마랑 문방구 갈래? 준비물 사러 가자!"

생애 처음으로 학교에 입학한 아이에게 찬바람이 필요한 날은 어른보다 잦았다. 내가 힘이 들 때마다 하늘은 위로가 되어 주었다. 분명 아이에게도 그렇게 해줄 것이었다. 우리는 하늘이 제일 잘 보이는 길목에 멈춰 앉아 고개를 들었다. 별이 이쁘다고 호들갑을 떨어본다. 아이는 담담하게 말한다.

"저거 봐, 별이 하나 있어. 보여?"
"응, 저 하늘 꼭 나 같아. 외톨이 별."

외톨이 별

김공룡

나한테 그렇게 말하지마

나

외톨이 별 같잖아

나도

너

외톨이 별 만들어줄까?

발로 차고 싶었어

널 던져서 달까지 날려버리고 싶었어

울고 싶었어

다음부터는 그러지 마

아이의 슬픈 노래는 곧 글이 된다. 시가 된다. 그날 밤새 아이가 하늘을 보고 부른 시를 읽어주었다. 귀에 대고 속삭이듯 읽어주었다. 아이가 자기 전에 내 목을 끌어안고 말한다.

"엄마, 나 이제 좀 괜찮아졌나 봐."

깊은 잠이 들 때까지 삼킨 시를 소화하도록 몇 번이고 아이 등을 쓸어 내려주었다. 시는 감정에 체했을 때 소화제가 되었다. 그게 어떤 형태라도 소화했다. 회복의 힘도 생겼다.

나도 그랬다. 결혼을 앞두고 정현종 시인의 〈방문객〉을 외웠으며 큰 수술을 앞두고 박노해 시인의 〈나무가 그랬다〉를 여러 번 읽었다. 그런 시 한 편 곁에 남는다면 감정에 체하지 않고 등을 쓸어내리며 살 수 있지 않을까.

○ 계절을 안아줄 거야

　겨우내 열이라도 날까, 콧물 날까, 몸이 차가워질까 겁
많은 엄마의 마음도 모르고 아이는 바깥 놀이 생각이 간절
하다. 봄을 기다리며 창밖만 본다.

　"엄마, 봄이 오긴 올까요?"

　"그럼. 오지. 기다리면 오지."

　"아! 안 기다리고 그냥 지금 봄이면 좋겠어요."

　"기다릴 수 있다는 것이 얼마나 감사한 일인지 알아?"

　"기다리는 게 왜 고마워요?"

　"세상에는 기다려도 오지 않는 일이 많아. 기다리고 싶어
도 만날 수 없으니까 포기할 수밖에 없는 일들 말이야."

　"그런 일이 있어요?"

　"너 지난달에 전학 간 친구 있지? 그 친구는 만나고 싶어도
만나기 힘들잖아? 유치원 때 이사 간 영수처럼."

"네, 영수는 지금도 보고 싶어요."

"알지, 엄마는 아빠를 만나기 전에 사랑했던 사람들이 있었거든. 그렇지만 더는 만나지 않아. 물론 아빠도 그렇지. 아, 그리고 엄마가 어릴 적 살던 동네는 없어지고 아파트가 생겼더라. 다신 볼 수 없지. 또 돌아가신 할머니도 만날 수 없어. 기다려도 닿지 않는 것이 이렇게 많아. 아무리 좋아했어도 세상엔 그런 일이 수도 없이 많아."

"엄마 그렇긴 한데요, 그렇다고 기다리는 게 좋은 건 아니죠. 기다리는 건 힘들긴 힘든 건데요?"

"힘들긴 하지. 그래도 언젠가 오잖아. 그러니 고마운 거야."

"고마운 건 좋지만요. 난 지금 당장 왔으면 좋겠는데…"

사랑하는 연인을 기다리는 마음보다 겨울에 아이가 봄을 기다리는 마음이 더 간절하다. 어떤 간절함은 노래가 된다.

3월

김루루

봄아 넌 왜 안 나오니?

혹시 친구들이랑 숨바꼭질하는데

친구들이 못 찾았니?

매일 아이는 계절에 서 있다. 아이는 3월인데 산을 둘러 보면 여름 빼고 다 있다며 지금은 무슨 계절인지 물었다. 땅에는 낙엽이 있고 멀리 꽃이 보이기도 하는데 바람은 차 갑고 나무는 헐벗었다. 세상엔 칼로 자르듯 딱 잘라 정해 지지 않는 것이 더 많다. 봄 여름 가을 겨울은 그렇게 3월 앞에 의미를 잃었다.

"정말 이상한 3월이네요. 봄이 숨바꼭질하나?"

아이의 시선이 고와서 눈을 마주치고 앉아 쓰다듬어 주 었다. 눈앞에 봄이 어서 내려앉기를, 숨바꼭질하는 봄을 내 아이가 제일 먼저 발견해주기를 기다려본다.

목련과 벚꽃

김공룡

심장이 물렁물렁
너무 예뻐서
심장이 콩콩
봄이 와서

목련 꽃

김루루

아몬드 초콜릿

아,

먹고 싶다

봄은 어김없다. 꽃과 함께 돌아온다. 제일 먼저 목련 꽃 망울이 봉투에 담긴 편지처럼 도착한다. 목련이 피는 자리는 봄이 온 자리다. 시가 꽃과 함께 피었을 때 알았다.

"봄은 꽃을 타고 오는구나."

아이는 꽃잎이 진짜 봄을 실어왔는지 확인하듯 요리조리 살펴본다. 목련 꽃망울은 어느 해는 봄의 씨앗이었다가 양파껍질이 된다. 또 이듬해는 풍선이었다가 나무에 걸린 아몬드도 되었다. 기다림의 끝에 늘 첫봄으로 피어 준 목련은 아이들이 노래하기에 너무도 충분하다.

아이는 태어나서 계절을 완벽히 알아가는데 약 5년 정도 걸렸던 것 같다. 매 계절이 바뀌면 생전 처음 보듯 신기해하는 아이에게 키를 낮추고 계절을 보여주었다. 그리고 그 계절마다 처음처럼 같은 대화를 한다.

"이것 봐, 봄이 오나 봐. 꽃이 피고 싶어서 준비하고 있어. 이제 따뜻해질 거야."

"가을이 되니까 나무에 잎들이 다 바닥으로 떨어져. 앗, 네가 밟았네! 소리 들었어?"

"눈이다! 후~ 불어 봐! 겨울이 지나가면 눈은 떠나. 금방 사라져서 이쁜 건 꽃보다 눈이야."

키를 낮추어 아이 옆에 앉으니 계절의 명도가 높아졌다. 봄에는 민들레꽃만 찾아 하루에 열 송이는 족히 씨앗을 후후 불고 다녔다. 여름에는 곤충들을 잡아 다리와 날개를 만져본다. 땀 냄새를 공기에 섞으며 여름의 풍요를 만끽했다.

차가운 바람이 여름의 땀 냄새를 씻길 때 쯤 가을이 온다. 가을엔 낙엽을 주워 여기저기 붙이고 다녔다. 불쑥 찾아온 겨울에는 창밖을 자주 쳐다보고 자주 외로워했다.

초겨울의 아침, 학교에 가려던 아이가 베란다 너머 작은 창에 있는 나무를 바라보는 시선이 심상치 않아 조심스레 말을 걸었다.

"아가, 무슨 생각해?"

"나무가 옷을 다 벗었다는 생각."

"그러게, 춥겠다."

"그러게. 왜 춥게 다 벗고 그러지?"

화려했던 계절이 바람과 함께 사라지고 길고도 긴 겨울
이 자리 잡을 준비를 한다. 아이의 말처럼 추위에도 오히
려 옷을 벗고 있는 나무를 본다. 버티고 있구나, 잘하고 있
구나. 쓸쓸한 동지애가 생긴다. 아이는 메고 있던 가방을
내려놓지 않고 동시를 썼다. 다시 잠깐 멈추는 시간이다.

내가 눈이라면…

김공룡

내가 눈이라면

사람들을 따뜻하게 덮어줄 거야

내가 눈이라면

사람들 발자국 그림을 감상할 거야

조바심을 누르는 인내가 더해진 아침, 겨울의 첫 시가
왔다. 잘 쓴 시가 아니라도 좋았다. 그해 처음 느낀 겨울이
었다. 멈춘 시간이 더 귀해 학교에 늦을까 염려가 앞서는
내 마음을 눌렀다. 아이의 마음에 겨울이 넉넉하게 차오른
후에야 학교에 갔다.

그날은 지각했을지도 모르겠다. 학교에 시간을 맞추어 가는 것보다 눈의 마음을 기록하는 것이 더 중요했다. 늦을 것 같으니 서두르라는 말이 자꾸 튀어 올랐지만 목구멍 아래로 넣어 두었다.

다시 한 해씩 흘러 아이들은 계절에 익숙해지고 있지만 매년 그것들을 처음 보았던 해, 그 무릎만 한 아이처럼 낯설게 봐주기를 기도한다. 애써 피우고 있는 봄을 응원해주고, 여름이면 여름보다 더 뜨겁게 서 있고, 가을의 쓸쓸함은 모르더라도 그 바삭거림은 만져주고, 겨울엔 하염없이 그리워하기를. 그 지난한 일들을 마땅히 반복하며 계절을 안아주기를 바란다.

담요 김밥

김루루

추운 겨울이 왔어요

나는 김밥을 싸요

아빠가 부들부들 담요를 깔아요

밥이 없어도 괜찮아요

밥 대신 내가 누워서

동글동글 말아요

○ 플루트와 비

김공룡은 플루트 소리가 비를 닮아서 플루트가 좋다고
했다. 공기를 굴러다니는 소리의 입자가 아이 마음에 비를
만들었다. 나는 그런 말들이 고맙다. 그래서 비가 오면 잊
지 않고 되새긴다. 아이를 향해 "플루트 내린다!"라고 너스
레를 떤다.

장맛비가 내리던 날이었다. 운전하다 피아노 연주곡을
찾아 들었다. 비는 차를 두드리는 타악기가 되었다. 두툼
한 빗소리와 피아노 선율이 섞여 공기를 진동했다. 낯설었
다. 빗소리 때문인지 피아노 때문인지 심장이 두근댔다.
문장으로 펼칠 수 없는 기분이었다. 무차별적으로 두드려
대는 비의 진동이 음악으로 들리는, 처음 경험이었다.

그 순간 김공룡은 왜 플루트 소리를 이렇게 둔탁한 비
같다고 한 것인지 궁금했다. 비가 우리의 작은 감각을 깨
운 건 분명했다.

플루트

김공룡

운석이

내 머리를 때려요

소리 안에 있는 운석이

내 머리를 뚫고 들어가요

플루트는

은색 우주인가 봐요

　지인의 소개로 읽은 책 『꿀벌과 천둥』(김선영 역 | 현대문학 | 2017.7.31.)은 온다 리쿠의 강한 필력으로 피아노를 다룬 소설이다. 작가는 음악을 썼다. 소설을 읽고 난 후 나는 음악도 읽을 수 있다는 것을 알았다. 음악을 듣는 방법이 통째로 뒤집혔다. 내가 듣는 음악은 모두 나의 이야기가 되었다.

　아이와도 음악을 듣고 떠오르는 상상 놀이를 했다. 넘치는 이야기는 이미 머릿속 한 가득이었다. 음악이 만화의 배경음악처럼 깔렸다. 악기 소리를 듣고 내가 먼저 이야기의 서두를 꾸미기 시작하면 뒷이야기는 저절로 흐른다.

"지금 엄마가 혼내고 있는 것 같아요. 슬프고 무서워요."

"아프리카에 사자가 있잖아요. 얼룩말이랑 기린이 도망가요. 잡힐 것 같아요! 으악! 다행이다. 피했나? 피했나 봐요. 아 긴장된다."

"농구를 해요! 아, 골을 넣었어요."

"엄마는 이 플루트 소리가 마법 같아요? 나는 비 같아요. 비가 떨어져요. 비가 갑자기 많이많이 와요. 아, 이제 다시 그쳤나 봐요."

아이가 손을 꼼지락대며 음악에 집중한다. 아이의 상상이 음악과 함께 눈앞에 보인다. 그렇게 음악을 본다. 알고 보는 음악은 글을 낳았다. 음악을 듣고 아이는 시를 썼다.

이 시는 바흐의 플루트를 위한 소나타 가단조 1악장을 듣고 쓴 시다. 아이는 처음 듣던 그 순간처럼 플루트 소리를 빗방울 소리로 듣고 있었다. 아이에게 음악은 시가 되기 쉬웠다.

꽃길을 달려요

김공룡

휘익, 휘익,

자전거가 가요

조심해요!

빗방울이 도망가요

통 통 통

자전거를 피해서 도망가요

첨벙

아, 잡혔네

자전거가 꽃길을 달려요

꽃길의 자전거는 바빠요

어디로 가는 걸까요?

아하,

할머니가 기다리고 있나 봐요

T-Rex 인형의 꿈

김공룡

나는 T-Rex다!
으르렁~

산속으로 가자!
맛있는 점심 사냥하자!

꺼억!

다음은 어디로 갈까?
공룡 전시회로 가자!

내 친구는 어디 있지?

살이 없는 내 친구
불쌍한 내 친구

아, 꿈이었네
진짜 공룡이 되고 싶다

『공룡 동시』(고래책빵 | 2020. 8. 5.)에 수록된 시로 〈이베르 : 독주 플루트를 위한 소품〉을 듣고 김공룡이 7살 때 쓴 시다. 애착 공룡인형을 안고 자기 전에 음악을 듣다가 인형이 진짜 공룡이 되고 싶은 꿈을 꾼다는 시였다. 음악은 우리 몸의 무엇을 건드리기에 눈물이 나기도 하고 이렇게 이야기가 되기도 하는 것일까.

사헌순 교수의 울림과 떨림에 관한 강의를 들은 적이 있다. 사람의 몸은 70~80%가 물로 되어 있어 소리, 즉 진동으로 받는 영향이 어마어마하다고 한다. 그래서 듣는 음악을 무시하지 말고 골라 들어야 하며 몸에 좋은 음악을 좋은 음식 챙겨 먹듯 챙겨 들어야 한다고 한다.

음악은 진동이었다. 지난 장마에도 빗소리와 피아노 연주가 주는 압도적인 떨림이 나를 흔들었다. 사람을 진동시키는 것. 나는 그 한마디에 별표를 치고 울림 있는 소리를 찾아 듣기 시작했다. 나를 건강하게 하는 진동을 찾고 싶었다. 그러다 우연히 아이의 학습 발표회 때 중요한 것을 깨달았다.

"어머니, 우리 공룡이가 동시 쓰기를 참 좋아하잖아요. 요번에 있을 학급 발표회에 스토리가 있는 동시 낭송을 해 보는 건 어떨까요?"

시를 좋아하는 아이이다 보니 첫 학습 발표회에서 동시를 낭독할 기회가 생겼다. 김공룡과 마주 앉아 그동안 써 놓은 동시들을 펼쳐 놓고 골랐다. 아이는 혼났을 때 말놀이를 이용해 쓴 시를 발표하기로 했다.

동물 가족

김공룡

엄마 아빠는 고래
고래고래 소리를 지르지 마세요

나는 생쥐
찍 소리도 못해요

내 동생은 원숭이
내가 혼나면 낄낄낄

얄미워
한 대 맞고 싶냐?

(<동시 발전소> 2019. 여름호)

김공룡은 친구들에게 동시를 쓰게 된 과정을 이야기하고 낭독해 나가기 시작했다. 진동과 떨림은 음악을 들을 때처럼 시를 낭송하는 순간에도 있었다. 고래고래 소리를 지른다는 말장난과 동물 소리에 생기가 생겼다.

행을 넘어서는 1초, 연을 넘어서는 2초를 쉬어가며 정성껏 낭독했다. 교실 안의 큰 웃음과 박수가 아이에게 돌아갔다. 김공룡의 그날 일기에는 '눈물이 날 것 같았다'라고 쓰여 있었다.

귀를 통해 들어오는 음악에만 울림이 있는 것은 아니었다. 글을 써 내려가며 머리에서 손을 타고 떨리는 울림은 아이를 쓰다듬어 내면을 울렸다. 고심하여 마침표를 찍은 제 시를 한 글자 한 글자 낭독할 때 낮고 정성스러운 소리가 다시 한번 울린다. 그 울림이 정직하게 아이의 몸을 진동시키고 있었다. 그 진동을 아이는 감격이라고 했다.

○ 책이 낳은 동시

나무의 몸을 빌어 만든 책은 나무처럼 한 자리에서 생각
하게 하는 힘을 준다. 아이가 책을 읽고 생각이 늘어져 쓴
시는 또 다른 생각의 꼬리를 물게 한다.

"엄마, 로미오는 왜 그렇게 급했을까요? 조금만 기다리지.
같이 살았을 수도 있는데… 그런데 꼭 죽어야 했을까요? 나
라면 죽지는 않을 것 같아요."

"사랑하는 사람이 세상에 없으면 보고 싶어서 너무 힘드니
까 차라리 죽은 건 아닐까? 엄마도 네가 없으면 견딜 수 없
어서 그럴 것 같은데?"

"아, 너무 사랑해서 힘든거네요."

로미오와 줄리엣에게

김공룡

로미오,

사랑은

껌 같은 존재 같아

사랑이 끈질긴 걸 알았어

줄리엣,

나도 좋아하는 사람과 사랑을 못 이루고 죽었다면

천국이든 지옥이든 어디서든 울었을 거야

그리고 처음 알았어

행복하게 살았답니다. 라고 끝나지도 않고

불행으로 살았답니다. 도 아니고

행복하게 죽었답니다. 는

정말 처음 알았어

(『로미오와 줄리엣』을 읽고)

(음식은 어마어마한 편식가이지만) 책 편식이 없는 김공룡

은 사랑 이야기에도 쉽게 빠졌다. 로미오와 줄리엣이 주는 엔딩은 아이에게 오래 생각할 시간을 주었다. 아홉 살이 책으로 만난 사랑의 무게는 꽤나 무거웠던 모양이다. 아니 어쩌면 '행복하게 죽었답니다'를 가장 잘 이해하는 나이는 아홉 살일까? 아이는 시를 통해 어렴풋이 사랑과 죽음의 윤곽을 그렸다.

어른들에게

김루루

우리는
마음을 알아주길 바랄 뿐이에요

우리에게
관심을 주기를 기다릴 뿐이에요

(『마음을 읽는 아이 오로르』를 읽고)

함께 책을 읽고 이야기를 나누면 알 수 있다. 아이들은 자기의 불안과 욕구를 어른만큼이나 분명히 알고 있다. 책에서 시작한 생각은 꼬리를 물고 글에서 소리가 난다. 버드나무의 잎들이 꺄르르 거리는 소리처럼 싱그럽고 아름답

다. 아이들은 책을 사랑하다가 자기도 모르게 나무가 되나 보다. 자기도 모르게 나무의 씨앗이 몸에 심겨지나 보다.

책을 놓을 수 없는 이유다. 나는 여전히 가벼운 무게에 심플한 디자인을 자랑하는 전자책보다 조금 무거워도 종이책을 들고 다니며 읽는다. 책장을 넘길 때마다 감정에 따라 다른 소리를 내는 유기적인 연결점이 좋다.

오래 머문 페이지에는 내 흔적이 더 남겨지는 증거물로서의 종이책을 아낀다. 줄을 죽죽 그으며 영역표시를 한다. 쌓아두고 책장에 꽂아두면 내가 가진 재산이 늘어난 기분이다. 보이는 곳에 널브러진 책을 만지고 꺼내며 내가 읽었다는 감각을 할 수 있어 좋다.

그러나 글은 종이를 벗어나고 있다. 글은 사람과도 멀어지고 있다. 화면 속 짧은 글과 사진 한 장이 주는 힘이 더 드러나는 시대다. 어느 날, 디자인을 전공한 동생과 대화하다가 미디어와 텍스트에 관해 이야기하게 되었다.

"너는 이미지로 표현하는 직업이잖아. 나도 디자인, 미술, 너무 좋아하고 선망해. 시각적 자극의 기쁨을 아니까. 그런데 본질적으로 인간을 꿰뚫는 텍스트의 힘을 믿거든. 물론 이미지가 주는 강렬함도 좋아해서 SNS를 못 끊고 있지만 말야. 그런데 아이를 키우니까 갈수록 간결한 정보를 원하는 세대에게 텍스트의 의미가 사라질까 봐 겁이 나는 거야. 무엇보다 미디어와 친숙해 지면서 아이들이 시각적 자극에 노출되니까. 아니 세상에, 아이들이 제일 좋아하는 게 뭔지 알아? 유튜브 중간에 나오는 15초 광고래."

"언니, 우리 교수님이 그러셨어. 미디어는 빠르고 정확하고 핵심적인 시각적 자극이잖아. 그런 15초 광고처럼 이미지화된 정보에 익숙해지면 문장을 이해하는 능력이 떨어진대. 이미지는 직관적이지만 문장은 분석적이니까 분석력이 떨어지는 거야. 문장은 해석의 시간이 필요한 작업이잖아."

"그렇네, 빠르게 주는 정보에 익숙해지면 아무래도 천천히 빙빙 돌아 해석해야 하고 재입력해야 하는 노력을 하기도 싫겠다."

두려웠다. 더 빠른 정보를 더 많이 필요로 하는 세상에서 우리 아이들은 느린 생각을 얼마나 할까? '오래 생각하는 사람'으로 살 수 있을까? 느리게 책장과 책장 사이를 산책하다가 포르르 날아오르는 생각들을 잡으며 살면 좋겠는데 말이다.

○ 단어를 탐닉하다

초등학교 4학년 때 국어사전을 처음 보았다. 사전을 비스듬히 뉘어 옆면에 꾹꾹 내 이름을 쓰면 그 안의 단어가 모두 내 것이 된 것 같았다. 다양한 두께의 사전을 가지고 온 아이들이 신기한 단어를 찾기 시작했다. 그 시절, 그 놀이가 즐거웠다. 새로 발견한 단어는 새 장난감이었다.

쓰고 싶은 날은 단어부터 탐닉한다. 쓰려고만 하면 어휘력이 모자라서 단어가 고팠다. 여전히 사전을 열고 한 문장에 넣을 새 단어 고르는 놀이가 즐겁다.

두 살짜리 아기가 엄마 눈만 보면 "뭐야?"를 물어보듯 사전 속 단어를 탐닉한다. 책을 읽다가도 마음에 드는 단어들이 나오면 덥석 잡아채서 써보기도 하고 낯선 단어들은 뜻을 찾아보고 외우기도 했다.

그런데 아이에게도 같은 증상이 생겼다. 시월의 여행을 떠난 날이었다. 강원도는 색이 진했다. 땅은 노을에 반사

되어 발그레진 얼굴 같았다. 차 안에서 넋을 놓고 하늘을
보았다. 색에 취해 있는데 아이가 갑자기 단어 하나를 내
앞에 꺼내 놓았다.

"엄마 내가 어디서 글자를 봤는데요. <화르륵>이에요. 어
떤 때 쓰는 말이에요?"
"화르륵? 엄마가 찾아 읽어 줄게."

(화르륵)

1. 마른 나뭇잎이나 종이 따위가 갑자기 기세 좋게 타오르는 모양.

2. 새 떼가 날개를 치며 갑자기 날아오르는 소리. 또는 그 모양.

3. 나뭇잎이나 종이 따위를 갑자기 한꺼번에 확 뿌리는 모양.

"아, 이 말을 꼭 내 동시에 써 보고 싶은데 무슨 말인지 몰랐
거든요."

아이는 차 안에서 〈화르륵〉이라는 시를 썼다. 그리고
이 시는 자신의 책『공룡 동시』에 〈붉은 노을〉이라는 제목
으로 수정되어 수록되었다.

화르륵

김공룡

붉은 노을이

화르륵

산에 붙었네

붉은 노을이

화르륵

아빠 차에 붙었네

쓰다 보면 활자에 민감해진다. 아이도 시를 쓰다 보니 민감성이 생겼다. 글을 쓰면 생기는 단어에 대한 갈망이 아홉 살에게 오다니. 조만간 마음에 드는 부사나 형용사를 발견하면 제일 먼저 아이와 공유하겠다는 기분 좋은 예감이 들었다.

알려주고 앞서 길을 내어주지 않아도 단어를 마음에 쌓아 두는 사람, 쓰는 사람이 되어간다. 그리고 그날의 단어는 완전한 아이의 것이 되었다.

김루루는 유독 자연에 민감한 아이다. 계절은 시가 된다. 그날의 여행에서도 무엇인가를 보고 혼자 중얼거리더니 소리를 질렀다. '오빠가 하니 나도 질 수 없지!'가 삶의

모토인 둘째의 성장원동력이라고나 할까. 자신도 동시를
지었으니 받아 적으라고 당당히 외친다.

봄과 여름과 가을과 겨울이

김루루

여름은 햇빛이 쨍쨍

화가 났구나

가을은

나뭇잎을 떨어뜨리고

슬프겠구나

겨울은

솜사탕을 흘려서

속상하겠구나.

봄은

꽃 선물을 해주니까

마음이 참 착하구나

"다 적었어요?"

"응! 갑자기 왜 이 시를 썼어?"

"방금 지나가다 <겨울> 글자가 쓰여 있었어요. 그래서 생각이 마구마구 났어요."

"좋겠다. 엄마도 마구마구 생각이 나면 참 좋겠다."

그해 가을 강원도 여행은 단어 두 개, 시 두 편을 남겼다.

○ 들숨과 날숨

"몸의 긴장을 풀고 힘을 빼세요."

요가 선생님이 하신 말씀 중에 제일 듣기 좋은 말이다. 왜 항상 몸에는 힘이 들어가는 걸까. 그리고 몸에 힘을 빼는 동작은 왜 제일 어려운 걸까. 숨을 깊게 들이마시고 내쉬면서 내 몸의 균형을 맞춘다. 운동은 싫지만 그 한마디는 들을수록 좋다.

가끔은 힘을 빼고 힘껏 쉬어가며.

– 행과 연

말을 많이 한 날은 오랜 시간 음악만 듣는다. 말과 감정을 너무 많이 흘려 텅 빈 자리에 무엇이라도 채워야 한다. 일을 많이 한 날은 아무것도 하지 않고 누워서 낮잠을 잔다. 자야만 충전되는 에너지가 따로 있다.

얕은 관계를 유지하느라 기운이 빠지는 날은 오랜 친구를 찾는다. 진짜 친구는 관계보다 습관이라는 말이 어울린다고 생각했다. 어쩌면 온몸에 있는 균형 센서가 고장 나지 않고 잘 작동되고 있는 건지도 모르겠다.

두꺼운 백과사전의 빽빽한 활자 같은 일상은 쉼표 하나 찾기 힘들다. 나는 시처럼 과감하게 호흡하면서 살고 싶다. 크게 숨을 한번 들이켜 연과 연 사이에 머물 줄 아는 사람, 아름답지만 강단 있는 윤동주 시인의 어떤 한 시구를 닮은 사람. 왠지 멋들어져 보이지 않나.

시는 쓰기 어려운 문학이다. 반면 읽는 사람의 호흡은 편안하다. 이는 덜어낸 문장들이 주는 비움의 미덕일지도 모르겠다. 그래서 들숨과 날숨 사이의 공백이 좋다.

"엄마, 동시는 왜 자꾸 다 띄어서 써요? 나 말 끝나지도 않았는데요?"

컴퓨터에 옮겨 적은 시를 보고 루루가 물었다. 처음엔 자유롭게 쓰는 아이들의 시의 행과 연을 임의로 만들어주었다. 당연히 다른 글과 다른 점이 눈에 보였을 테고 문장의 끝맺음을 한 줄에 하지 않는 것에 궁금증을 가졌다. 이해할 수 없는 아이는 말했다.

"왜 꼭 행과 연이 있어요? 저는 그냥 쓰고 싶어요."
"그래 시를 쓰는 사람 마음이지. 그리고 꼭 그렇지 않은 시
들도 있어. 행과 연보다 중요한 것은 그냥 시를 쓰는 거야."
"저 그럼 그냥 쓸래요."

소원이 이루어지는 주문

김루루

기가 막힌 에버랜드, 신기한 동물농장, 올라가고 싶은 프랑스
에펠탑, 산타를 만날 수 있을까? 핀란드 산타 마을, 거짓말하
면 손이 잘릴까? 이탈리아 로마, 오빠가 좋아하는 장난감 천
국 일본

아이는 웃었다. 고집 있게 한 줄로 쓴 시를 읽다 보니 자
기도 웃음이 나는지 깔깔깔 웃었다. 시간이 지나 숨을 쉬
는 동안 감정과 생각이 섞이고 그 틈을 여백으로 남겨 놓
는 장치는 아이 자신이 스스로 알게 될 것이라 믿었다.
아이는 동시책을 눈여겨보았다. 그 후 연마다 반복되는
문구를 사용하기도 하고 패턴을 만들기도 했다. 노랫말처

럼 혹은 랩퍼들의 라임처럼 글자를 가지고 놀기도 했다. 아이의 시는 글을 더 천천히 쓰고 읽게 했다. 그리고 콩 씨앗을 베란다 땅에 숨기던 날, 처음 제 손으로 행과 연을 나누어 다정하게 표현했다.

땅

김루루

씨앗아, 내가 밥을 줄게
내 밥을 먹고 무럭무럭 자라렴

씨앗아, 내가 집이 되어 줄게
내 속에서 푹 자렴

아이의 따뜻한 호흡이 시에 녹아 있었다. 고단한 어른의 삶에 들어온 아이의 시는 심장을 콕콕 쑤셨다. 씨를 품기 위해서 땅은 늘 거기 있었나 보다. 나이가 들수록 땅을 닮은 사람이 그리웠다. 품는다는 것은 온기에서 시작 할테니 자주 햇볕을 찾아 품어 주는 사람이 되고 싶었다. 시를 쓰고 아이는 말했다.

"동시는요, 길게 쓰지 않고 짧게 여러 줄을 써서 빨리 읽을 수 있어서 좋아요"

"맞아. 엄마도 그래서 동시가 좋아. 동시처럼 살자, 우리도. 너무 길게 애쓰지 말고 노래 부르듯이 살자. 너무 빡빡하게 살지 말고, 많이 쉬면서 살자."

"빡빡하게요? 아하! 네. 나도 빡빡이 대머리는 싫어요."

삶의 모든 생각도 일도 한 호흡에 끝낼 필요는 없다. 나는 시가 그래서 좋다. 호흡을 고르며 살 수 있을 것 같은 기대를 준다. '농도 깊은 들숨이 주는 편안함' 같은 기대 말이다.

○ 시가 우리에게
말을 걸어온다면

시를 좋아한다는 고백은 사랑 고백만큼 조금 간지럽다. 용기 내어 고백하건대 나는 시가 좋다.

딱딱한 글자들이 몽글몽글하게 모여 있는 태가 예쁘다. 몽글몽글해지고 싶어서 글자들은 글감으로 찾아오나 생각한다. 글감이 오면 아이들과 글자를 가지고 시 요리를 했다. 감정을 뿌리고 섞어 시를 만들었다.

재료준비 감정

글은 종이에 쓰기 전에 마음에 먼저 쓰인다. 때문에 감정의 이름을 알아야 한다. 아이들은 말을 하면서 "싫어" "좋아" "미워" 등 능동적인 감정 표현을 하기 시작한다.

그러나 친구에게 서운할 때, 가족과 다툴 때, 사랑하는 사람에게 마음을 고백할 때 우리는 '좋다' '싫다'를 뛰어넘는 감정을 앓는다. 그러니 세밀화된 감정의 이름을 불러야 한다. 들뜨고 설레고 자랑스럽고 흥미로운 감정은 '기분 좋다' 같지만 모두 다르다. 화가 나고 질투가 나고 서럽고 분한 감정들도 '기분 나쁘다'를 넘어선 각기 다른 결의 감정이다. 글을 쓰는 재료인 그 감정들의 이름을 아이가 겪으며 표현하도록 해야 한다.

결국 감정은 경험이다. 책을 통해 간접적으로 다양한 감정을 겪을 수도 있다. 몸으로 부딪치는 경험에는 여행만큼 좋은 게 또 있을까. 떠나면 숨소리부터 달라진다. 풀과 꽃, 새와 벌레, 길과 산과 바다의 위로는 말로 형용할 수 없는 감정의 이름을 찾게 한다. 아이는 자기가 받은 위로를 다시 시 같은 문장으로 돌려주기도 한다.

"엄마 나 너무 행복해서 내 마음이 반짝거리는 느낌이야."

"반짝반짝해?"

"응. 그런 것 같네. 근데 왜 반짝거리지?"

"아! 나 보석이 생겼나 봐!"

"아! 이번 여행에서 우리 루루 마음에 보석이 생겼구나!"

생각해보면 겉만 쓰다듬어 주는 미숙한 위로가 아닌 내 속을 울리는 것들은 모두 바다에 있었고 들꽃에 있었고 하늘에 있었다. 여행과 책을 곁에 두는 아이들의 감정 밀도는 높아진다. 표현하는 삶에 글감이 찾아온다면 요리의 재료는 이미 다 준비되어 있다.

레시피 연구, 동시집 읽기

레시피를 보면 재료만 있어도 음식이 보이듯 많은 동시집을 읽으면 감정이 동하는 시가 보인다. 동시집은 세상을 보는 시선을 바꾸기도 한다. 예를 들어 비가 왜 생기는지 알려주는 과학책을 읽기 전에 동시집을 먼저 본다면 비를 보는 시선이 달라진다. 비는 새싹을 위해 오고 장화를 산 아가를 위해 온다. 다정한 마음을 품고 온다.

동시집은 시인의 눈을 닮게 했다. 시인은 자기가 들풀도 되었다가 나무도 되고 옆집 동생도 되고 같은 반 친구가 되기도 한다. 세상의 모든 것이 내 마음이 되는 공감의 마법은 동시집에 모두 들어 있다. 다른 사람 마음 한 조각도 이해 못 하는 세상에서 가장 필요한 것은 동시가 아닐까.

요리하기, 시 쓰기

초등학교 2학년 2학기 『국어』 수업 시간에 동시를 쓰는 문제가 있었다. 김공룡은 평소에 동시를 좋아하는 아이라 기대에 차서 물었다.

"무슨 시 썼어?"

"나 아무것도 못 썼어요."

"뭐? 수업 시간에 그럼 뭐했니? 딴 생각했니?"

아이의 감정을 먼저 묻지 않고 다그쳤다. 고백하자면 동시 쓰기를 좋아하는 아이이기에 그럴듯한 시를 발표했을지도 모른다는 기대를 했다. 그 기대는 아이를 몰아세웠다.

"지금 다시 해봐. 여기 읽어봐. 빨간 홍시를 먹고 싶은 마음."

"엄마, 나는 홍시를 안 좋아하고 먹기 싫은데 어떻게 써요."

"왜 못써? 다 쓰잖아. 그냥 읽고 시처럼 바꾸면 되는 거지. 그럼 발표를 하고 싶었는데 용기가 안 나서 손을 못 들었을 때의 마음은?"

"나는 발표하고 싶으면 손을 드는데요? 용기가 안 난 적이 없어요."

"하… 그냥 쓰면 쓰는 거야. 그렇다고 아무것도 못 쓰면 어떻해?"

"나는 홍시 싫어요. 먹기 싫다고요. 엉엉. 먹고 싶지 않아요."

어이가 없어서 웃음이 났다. 생각해보니 김공룡은 공식을 외워 문제 풀 듯 시를 쓴 적이 없다. 융통성이 없어 답답

했지만 싫어하는 음식을 먹고 싶다는 시를 강요할 수 없었다. 시는 거짓된 마음으로 쓸 수 없으니 아이의 행동을 애써 이해했다.

그러나 교과서는 몇 페이지가 텅 비어 있었고 모두 이해하기에 내 그릇이 작았다. 그중에는 오늘 있던 일을 적어보고 시로 옮기는 과정도 있었다.

"아침에 학교에 갔는데 무슨 일을 생각해요. 아무 일도 없었단 말이에요. 시간을 너무 조금 줬어요. 한 일도 없는데 시간도 없고 그런데 어떻게 써요."

"전날 있었던 일을 쓰던지 며칠 전 이야기도 괜찮잖아."

"오늘 수영장 갔다 왔으니까 그걸로 해볼게요 그럼…"

> 정리 〉 화요일에/ 수영장에서/ 수영을 했다/ 물개가 된 것 같았다/ 매일 가고 싶다

수영

김공룡

화요일 목요일에

수영장에 가면

나는

물개가 되고

상어가 됩니다

"엄마 나는 이렇게 시를 써 본 적이 없어요. 이건 내가 쓰던 게 아니잖아요. 엉엉. 그래서 못하겠어요."

"그래? 그럼 네 방에 가서 마음대로, 하고 싶은 대로, 네 방식대로 써 봐."

아이는 꾸역꾸역 시를 썼고 교과서에 원하는 답을 썼다. 그런데 아이가 울었다. 나는 당황했다. 서로 차분해질 시간이 필요했다. 제 방에 들어가 한참을 끼적이던 아이는 색종이에 쓴 시를 꼬깃꼬깃 접어 내게 주었다.

수영장

김공룡

커다란 상자 안에

작은 상자

그 안에 바다

작은 상자 안에

바다를 나누어

포장해주었다

이번엔 내 차례였다. 내가 울었다. 너무 미안해서. 성급해서 미안했다. 교과서 한 페이지를 채우는 일은 처음부터 내게 중요하지 않은 문제였다. 선생님께 칭찬을 받거나 글쓰기 대회에서 상을 받는 것도 필요 없었다.

때때로 평가는 글을 쓰는 마음까지도 다치게 한다. 내가 인정받고 싶은 마음이 커서 아이를 아프게 한 일은 이 전에도 너무 잦았다. 이날을 계기로 마음을 다시 잡았다.

1. 칭찬이라는 가면으로 아이가 평가받게 하지 않기.

2. 그냥 쓰는 몸을 키우기.

3. 가짜 감정은 거짓말을 가르치는 일, 진짜 감정만 쓰도록 하기.

어떤 요리를 할지는 아이가 정한다. 아이가 시 같은 문장을 툭 던진다면 준비된 감정의 재료로 언제든 쓸 용기만 북돋아 주면 되었다. 설령 교과서 한 페이지를 못 채우는 아이일지라도 상관없다. 자기감정의 빈자리를 글로 채울 수 있는 사람이라면 말이다.

맛보기 감상

요리의 과정이 아무리 복잡했어도 먹기는 쉽다. 입에 넣고 씹고 맛본다. 시도 그렇다. 아무리 어렵게 쓴 시라도 한

입에 삼킬 수 있다. 그러나 내 앞에 아이가 만든 한 접시의 음식이 있다면 나는 누구보다 정성스럽게 음미하며 맛을 볼 것이다. 아이가 쓴 시는 그런 대접을 받아야 한다.

* 쓴 동시를 자꾸 꺼내 읽어주기.
* 아이의 시를 아끼는 마음을 눈빛으로 보여주기.
* 가끔 외워서 들려주기.

자기의 이야기를 깊게 들어주는 엄마의 몸짓이 좋아 쓰는 기쁨을 누린다. 아이는 더 쓰고 싶어진다. 과일을 먹다가, 새로 산 화장실 슬리퍼를 신다가, 차 안에서 보이는 풍경을 보고, 기차에서, 엄마한테 혼나고 나서, 짝꿍을 바꾸다가… 아이가 머무는 곳이 어디든 시가 말을 걸어온다면 아이는 불쑥 들어 온 생각을 시에 담았다.

"시는 어려워요. 명료하게 전달하는 자기 계발서나 에세이가 더 읽기 좋더라고요."

지인이 책상 위 박준 시인의 시집을 들추어보며 말했다. 동시와 달리 갈수록 어려워지는 문학인 시를 읽으며 누구나 하는 생각이기도 하다. 어떤 말을 해주고 싶었지만 말

보다는 일주일에 한 번은 꼭 곱씹어 외웠던 김사인 시인의
〈조용한 일〉을 보여 드렸다.

시는 이해하는 문학일까. 매일 바뀌는 감정 그릇에 시는
물처럼 담긴다. 그렇다면 시가 나를 이해하는 걸까. 생각
해보니 시는 곁에 두면 무조건 내 편이었다.

제 4장

'좋아하는 사람은 불현듯 생각나니, 책은 사람을 닮았다

좋아하는 책을 읽고 있으면 감정의 채도가

열여덟 단짝 친구와 있을 때처럼 높아진다

눈길 닿는 문장에 밑줄을 긋고 욕심내다 보면

쓰고 싶다는 마음이 어느 날은 전부였다

감정 돌보기

○ 감정 카드

처음으로 남자친구와 헤어지고 슬픔이라는 단어가 내게 맡겨졌다. 사랑은 남아 있지 않은데 갑자기 맡겨진 슬픔은 감당할 수 없었다. 이별은 견디고 이겨내는 문제가 아니었다. 그에 앞서 슬픈 감정을 다스릴 줄 몰라 당황스러웠다. 친구도 가족도 해결하지 못하는 나의 슬픔은 나의 것이고 나의 몫이었다.

일기장을 폈다. 왜 우는지 알아야 했다. 활자를 펼쳐 놓고 만졌다. 처음 만진 슬픔은 뜨거웠지만 사랑이 없는 공간에 보통의 문장으로 채우면서 식힐 수 있었다. 궁극의 슬픔을 그렇게 글로 이겨내고 떠나보냈다.

사랑하는 아내를 떠나보내고 쓴 그림일기인 책『떠나기 전 마지막 입맞춤(A kiss before you go)』(대니 그레고리 저 | 세미콜론 | 2015.1.19.)에서는 슬픔과 그리움을 그림으로 이겨낸다. 작가의 지극히 사적인 감정이 그가 그린 수채화처

럼 눈물을 머금고 내 눈에서 번졌다.

그림일기는 내밀한 감정을 색으로 드러냈다. 그 색을 흉내 내며 살고 싶은 욕망이 아랫배에서부터 꿈틀거렸다. 그때부터 그림을 그리기 시작했다. 그리고 글과 함께 그림은 내 감정의 부산물이 되었다.

감정을 표현하는 일상을 아이들과 나누고 싶었다. 지인의 소개로 알게 된 〈감정 카드〉는 사건이 아닌 감정으로 대화를 하게 하는 좋은 도구다.

학교에서 일어난 일에 말을 아끼는 아들도 감정 카드를 고를 때는 경계가 허물어진다. 4학년 반장이 된 김공룡은 자신의 리더십에 대한 고민을 하고 있었다. 반장이 된 지한 달 만에 자기는 마음이 약해서 반장과 맞지 않는 것 같다며 주눅이 든 것이다.

반에서 유독 목소리가 크고 통솔력 있는 어떤 친구가 반장이 되었다면 더 잘하지 않았을까 생각하던 아이는 선생님께 편지를 써 고민을 털어냈다. 선생님과 상담을 하고 돌아온 날 저녁, 감정 카드를 통해 아이의 이야기를 들을 수 있었다.

"오늘은 〈감동적인〉 〈용기나는〉 〈존중받는〉 감정 카드를 뽑았구나?"

"선생님이 제 고민을 잘 들어주시고 진심으로 같이 고민해 주셔서 감동 받았거든요. 리더는 여러 가지 색깔이 있대요. 나는 이해해주는 리더라고 하셨어요. 그리고 그런 제가 좋으시대요. 존중받는 기분이었어요. 또 세게 이야기하거나 큰 소리를 낼 필요는 없다고 하셨어요. 그냥 지금처럼 해 달라고 하셨고요. 용기가 났어요. 지금처럼 해 볼게요, 다 괜찮아졌어요."

"오빠한테 말해 줄 카드는 <고민의 흔적이 보인다>야. 고민을 많이 했겠네."

"맞아, 엄마도 네가 건강한 리더라고 생각해. 항상 똑같은 성향의 리더가 있는 건 아니거든. 나를 지키기 위해 다른 사람의 마음을 배려하지 않고 세게 소리치는 리더보다 다른 사람의 마음을 지키려는 리더가 공동체 안에서 더 필요해. 엄마가 보지는 못했지만 너는 그걸 잘하고 있는 게 아닐까? 엄마가 너에게 해줄 말 카드는 <성숙해가는 모습 멋져!>야."

내 사건을 감정 중심으로 풀어내는 연습은 나의 기분을 한 번 더 살펴주는 좋은 습관이 되었다. 아이도 어른도 감정을 공감받으면 그걸로 충분했다. 문제가 해결되지 않아도 아무것도 변하지 않는다고 해도 그 하나로 충분해졌다.

하루는 남편과 단둘이 〈감정 카드〉로 대화를 했는데 그의 고민과 회사에서의 고충을 들을 수 있었다. 그동안 우리의 그 수많은 대화에는 감정이 빠졌다는 걸 알았다. 어른에게도 감정을 들어주는 사람이 필요하다. 사건만 이야기하고 상황을 이해받는 대화보다 감정을 주고받는 대화는 깊은 위로와 안정이 느껴진다.

초등학교 4학년 때 유독 일기장에 덧글을 꼬박꼬박 남겨주신 담임선생님이 계셨다. 그것은 나에게 〈감정 카드〉와 같았다.

"유란이가 평안이를 좋아하는구나. 꼭 그 마음이 전달되기를 바라!"
"선생님도 너무 대견했단다. 고생 많았어!"
"동생이 정말 미웠겠구나!"

일기장을 돌려받는 날이 너무 좋았다. 쿵쾅대던 심장 소리가 아직도 생생하다. 공감의 한마디로 선생님의 애정을 한 그릇씩 받는 기분이었다.

요즘 초등학교에서는 사생활 침해의 우려로 일기가 사라지는 추세다. 건조하고 바쁜 요즘 아이들은 감정을 꺼내어 돌볼 시간이 없다. 나는 그것이 얼마나 무서운 일인지 안다. 몸으로 표현하고 글로 표현하고 그림이나 음악으로 감정을 표현해야 삶은 쓰다듬어지면서 앞으로 나아갈 것이기 때문이다.

그러므로 글, 그림, 몸 어느 것 하나라도 쓰는 어른이 되는 것은 아이에게 부리는 내 첫 욕심이었다. 초등학교에 입학하면 아이들은 일기 쓰는 법을 배운다. 삶의 첫 기록을 위해 연필을 꽉 쥔다.

항상 그림부터 그려야 할지 글부터 써야 할지 고민하다가 하루 중 소중한 한 장면이 알록달록 옷을 입는다. 찰나에 사라질 여덟 살의 서투른 글자 가루들이 일기장 위에 부슬부슬 떨어진다. 김공룡이 쓴 일기장을 넘겨보았다. 김공룡의 감정이 고스란히 들어 있었다.

마음이 풍선처럼 쪼글쪼글해졌다.

친구들이 내 편이 되고 싶어 할 때는 당황스러웠지만 행복했다.

에디슨 아저씨처럼 실패를 성공의 어머니라고 생각하니

넘어져도 힘이 솟아올랐다.

개를 키우는 것은 이런 느낌일까?

마지막 페이지를 풀었을 때 굳어 있던 마음이 풀리는 것 같았다.

그 아픈 마음이 가을바람과 함께 사라진 것 같았다.

따뜻한 햇살 아래 소풍을 가니 기분 에너지가 폭파했다.

오늘은 아무 일도 안 일어날 것 같았다.

내 생각엔 사랑은 좀 끈질긴 감정 같다.

김공룡은 글을 쓰면서 자기의 행동과 마음을 이해하고
있었다. 눈물이 났던 이유는 무엇인지. 어떤 존중을 받고
싶었는지. 무엇이 마음을 들뜨게 했는지 알았다.

아이는 아이 마음을 쓰고 나는 내 마음을 쓰면서 삶에
집중한다. 우리는 서로 다른 각자의 문장을 돌봐 준다. '괜
찮은 나'는 내 감정을 살피는 한 줄 문장에 있다.

4월 29일 월요일

나는 내가 중요한 사람인데

자라는 너희들 뒤를 따라 걷다 보면

나를 좀 덜 돌보더라도

그리 억울하지 않을 수 있을 것 같다.

○ 화풀이 쓰레기통

"시끄러워, 조용히 하고 방에 들어가!"

엄마는 내 이야기를 잘 들어 주지 않았다. 욱하는 성격에 따지기 좋아하는 내가 말이 많아지면 대화를 먼저 끊었다. 그러다 보니 사춘기를 지날 때까지 엄마와 다정하고 솔직한 대화를 나눈 기억이 없다.

대신 엄마는 늘 건강한 밥상을 차리고 내게 좋은 옷을 입혔다. 내가 잘 먹고 잘 입으면 누구보다 행복해하셨다. 어른이 되어서도 여전히 그게 서럽고 서운했다. 고작 엄마 품에 힘껏 안겨보지 못한 첫째의 서러움일 수 있는데, 그랬다. 엄마가 그리우면 나는 엄마 밥을 찾는다.

"엄마 나 열무김치 먹고 싶어."

당장에 시장을 봐서 택배로 보내주시는 엄마에게 안정적인 사랑을 느낀다. 사랑을 받아 온 방식이 그래서인가. 나는 내 엄마를 닮은 엄마가 되었다. 컨디션에 따라 왔다 갔다 정신없이 아이를 대한다.

아이의 이야기를 들어주고 싶어 노력하지만 급한 성격은 엄마를 똑 닮아 툭하면 아이에게 상처를 주고 만다. 나는 나를 위해 과거의 엄마를 이해하고 있다. 엄마를 이해하는 이면에는 나의 약점이 드러난다.

어머니는 강하다는데, 오히려 나는 엄마가 되기 전의 삶이 강단 있고 단단했다. 아이를 낳고는 왜 툭하면 이렇게 서러운지. 왜 완벽하지 못해 울고 있는지. 감정조절이 안 되는 내가 한심하고 실망스러웠다. 내가 만든 감정 쓰레기를 아이에게 쏟지 않으려면 쓸어서 버려야 했다. 쓰기가 쓸기였다.

감정의 쓰레기는 아무리 말로 쏟아 내어도 비워지지 않았다. 그래서 글은 가끔 내 화풀이 쓰레기통이 되었다. 욕이라도 한바탕 써 두면 개운해지는 기분이었다. 물론 잘 비워지지 않는 감정도 있었다.

몇 년 전 교통사고 후 외모의 변화가 생겼다. 살이 찌고 홍채를 잃어 오드아이가 되었다. 변한 외모는 내 안의 쓰레기 같은 감정더미를 키워내고 있었다. 나는 그럴수록 아름다운 것을 찾아 읽고 찾아 쓰기 시작했다. 그러면 아름다운 사람이 되는 기분이었다. 내가 보는 일상과 내가 쓰는 문장들은 모두 아름다웠다.

하지만 사람들 앞에서, 거울 앞에서, 카메라 앞에서 나는 건강한 마음이 아니었다. 불안정했다. 그렇다면 내가 누리고 기록하는 행복은 거짓일까. 나는 내 글을 의심했다.

정면승부를 위해 오소희 작가님의 〈나를 찾는 글쓰기〉 수업을 신청했다. 매주 수업을 진행하는 부암동의 골목을 걸을 때마다 글이 문제인지 내가 문제인지 꼭 단판 짓겠다고 다짐했다(첫 시간부터 알아버렸다. 둘 다 문제였다).

"유란님 글에는 항상 색과 그림이 있어요. 처음 자기 소개할 때부터 그런 거 알아요? 그림을 그려서 그런가?"
"유란아, 너는 글을 쓸 때 포커스를 카메라 앵글처럼 자연스레 옮기면서 쓰는구나. 그림을 그리는 사람이라서 그런지 그런 시선이 보인다."

한 편의 글을 쓸 때마다 수업을 함께 들은 언니들과 작가님은 지금껏 몰랐던 나를 발견해주었다. 조금씩 드러나는 내 취향과 습관으로 나는 나를 정의할 수 있었다. 용기를 내어 나의 떨어진 자존감을 글자로 풀었다.

생각보다 나의 우울은 깊었다. 그러나 나는 나의 삶이 분명 아름답다고 생각했다. 양면의 삶에서 나는 진짜 어디에 있는지 궁금했다.

"너는 시각적인 게 굉장히 중요한 사람인가 봐. 예쁘고 아기자기한 것도 굉장히 좋아하지? 네가 다른 사람들보다 더 시각적으로 예민한 것 같아. 그럼 그걸 받아들이고 너를 바꿔. 남편도 부모도 못 바꾸지만 나는 내가 바꿀 수 있다! 그러니까 운동해. 식단 조절도 하면서 무지 열심히 운동해!"

작가님의 말처럼 나는 아름다운 색과 모양을 눈으로 수집하는 사람이었다. 내 몸이 내 눈에 좋아 보이지 않고서는 그 어떤 아름다운 문장도 나를 괜찮게 할 수 없었다. 몸을 사랑하기보다 건강한 마음을 가지기 위한 노력을 더 높은 가치처럼 여겨 왔다. 나는 결코 눈으로 보이는 것으로부터 자유로울 수 없는 사람인데 말이다.

문장을 다듬을 때 몸을 가꾸기도 게을리하지 말아야 했다. 나의 불안한 호흡은 거기서부터 시작되었다는 것을 알았다. 건강하지 못한 몸이 만든 냄새나는 감정 쓰레기들을 치우지 않고 마음에 꽃만 꽂고 있었다.

쓰지 않았으면 몰랐을 커다란 감정 쓰레기를 그해 부암

동에 던져버렸다. 그리고 나는 나를 위한 달리기를 시작
했다.

○ 존중박스

좋아하지 않는 일은 열심히 하다 보면 신경질이 난다. 내게는 청소가 그렇다. 청소하다 보면 잔소리가 늘고 목소리도 한 옥타브 높아진다.

유독 나를 닮은 김공룡은 물욕마저 쏙 빼닮았다. 일단 물건이 많다. 거기다 집착까지 하는데 정리는 영 시원찮다. 그러다 보니 한 번씩 방 정리를 돕다 보면 화가 나 버럭! 하게 된다. 예민한 상태로 정리가 안 되는 물건들은 닥치는 대로 버렸다.

아이에게 하나하나 물어보기에는 시간과 감정 소모가 크기도 하고 물건을 대하는 마음은 상대적이니 값이 비싼 물건만 가치 있게 대했다. 아이는 눈에 안 보이면 얼마 못 가 잊었다. 그런데 어느 날 아이가 말했다.

"내 물건을 엄마 아빠 마음대로 하지 말아 주시면 안 돼요?"

"그게 그렇게 속상했어? 빨리 정리해야 하는데 여러 번 말하는 게 얼마나 힘든지 알아? 너도 소중한 물건이라면 소중하게 정리해 줘. 굴리지 말고. 그럼 네 마음을 알고 네 물건을 아무도 함부로 대하지 않겠지."

"아 그렇다고 다 버리면 어떡해요. 옷도요, 내가 좋아하는 옷은 나한테 물어봐 주세요. 작다고 해서 좋아하는 옷을 동생들한테 다 주고 싶은 건 아니라고요. 작아졌다고 동생들 주는 거 싫어요."

"그렇게 생각하는 줄 몰랐네. 미안해. 하지만 그 많은 옷을 다 가지고 있을 수는 없었어. 새 옷을 사면 넣을 공간이 필요하잖아. 다음엔 어떤 옷이 안 되는지 미리 얘기해줄래?"

"그럼 제가 좋아하는 공룡 옷 이런 건 꼭 물어봐 주세요. 나 진짜 속상했어요."

알고 있었지만 아이의 마음을 직접 들으니 미안한 마음에 덕지덕지 변명이 붙었다. 그날 우리는 대화 끝에 방법을 생각해냈다. 일단 커다란 상자를 꺼내 비우고 [존중 박스]라고 이름을 붙여 주었다.

그동안 아이가 물건을 소중히 여기는 마음을 존중하지 않았다. 인정하고 사과하니 아이는 인정받고 사랑받는다고 느끼는 모양이었다. [존중 박스]는 짓이겨진 마음을 세

우는 박스였다.

"여기에 담겨 있는 물건은 함부로 만지거나 버리지 않을게. 너에게 진짜 소중한 물건은 여기에 보관해줘. 그럼 가족 모두 [존중 박스]에 있는 물건은 허락을 받고 꺼낼 거야."

아이가 웃었다. 그리고 고개를 끄덕였다. 나에게는 의미가 없고 왜 모으는지 이해가 되지 않는 각종 공룡카드와 포켓몬 카드는 제일 먼저 [존중 박스] 안에 자리 잡았다.

공룡 피규어와 당장 버려도 재활용품과 어색하지 않게 어울릴 작품들도 [존중 박스] 속에 있다. 이른바 평화 안전 지대 같은 느낌이다. 그날 아이 일기장의 제목은 [존중 박스]였다.

<10월 25일 금요일>

제목 : 존중 박스

내가 처음으로 존중이라고 들었을 때는 내 방에 들어오지 말라고 했을 때다. 혼자 놀고 싶어서 그랬다. "오빠 방에 들어올 때 허락을 받고 들어와야 해. 루루 방도 마찬가지야." 엄마는 그게 존중해주는 거라고 하셨다. 나는 내 물건을 버리는 게 싫어서 엄마께 부탁했다.

그래서 존중 박스를 만들어주셨다. 존중 박스에 장난감을 넣으면 내 허락을 받고 만져야 한다. 그것 때문에 엄마가 쓸데없다고 생각하는 물건을 버릴 수가 없다. 물건이 쌓이다 보면 엉망진창 박스가 되어 버릴 수도 있다. 하지만 나는 평화로운 삶을 살 수 있다. 존중 박스는 공룡 같은 존재다.

너를 존중해'는 '나의 생각이나 가치관과 달라도 너를 귀하게 생각하는 마음으로 너를 인정해'라는 의미다. 우리에게 왜 존중의 공간이 필요할까. 존중은 무엇을 바꿀까. 아이의 일기를 보며 나에게도 존중 박스가 하나 있었으면 좋겠다고 생각했다. 그리고 그 곳에 내가 들어가 앉고 싶었다.

그런데 가만히 보니 일기가 그 [존중 박스]였다. 내 감정을 써넣은 그곳에 아무도 침범할 수 없으니 말이다.

앞서 말한 글쓰기 수업에서 나는 보이지 않는 존중 박스를 경험했다. 함께 글을 쓰며 만난 언니들은 "그렇구나, 그럴 수 있어. 잘하고 있어!"를 외쳐주는 존중 동기였고, 내 감정의 존중과 안전을 보장받을 때 얼마나 깊은 지점까지 털어놓을 수 있는지 알았다.

잊고 살았던 내 상처와 아픈 경험들이 만져졌다. 부모님은 물론이고 가장 가까운 친구에게도 말하지 못한 트라우

마를 털어놓기도 했다. 그 글 속에서 버려야 할 상처의 찌꺼기를 털어버리면 나는 한결 괜찮아졌다.

존중은 나를 있는 그대로 인정한다. 아이의 글도 나의 글도 그렇다. 그렇기에 아이는 아이를 위한 문장을 쓰고 나는 나를 위한 문장을 쓴다. [존중 박스] 속에 아이 장난감처럼 우리는 안전하다.

○ 취향을 읽어줄게

사극에서 이야기꾼을 보았다. 이야기를 듣기 위해 귀를 세우고 눈을 반짝이는 사람들에게 이야기꾼은 살아 있는 책이었다. 이야기꾼의 발아래 모인 마을 아이들은 오늘날 서점에 다닥다닥 모여 앉은 아이들과 닮아 보였다. 사람은 이야기를 좋아한다. 완전한 유기적 존재인 사람은 이야기 (특히 남의 이야기)를 떠날 수 없다.

친구 중 유독 같은 이야기도 재미없게 하는 친구가 있다. 동창 모임에서 그 친구가 입을 열면 약간의 침묵이 생긴다. 어떻게 하면 화제 전환을 해서 다른 친구에게 대화를 넘길지 눈치 싸움이 일어나 웃음을 유발한다. 사람은 누구나 재미있는 사람의 재미있는 이야기를 좋아한다. 책도 그렇다.

사실 읽기라는 행위는 모든 감감을 좋아하는 사람에게 열고 있는 몸짓과 닮았다. 진심으로 좋아하는 사람이면 오래 깊은 대화를 하고 싶을 수밖에 없다. 그러니 취향에 맞는 애인 같은 책을 만나면 사랑에 빠질 수밖에.

나와 세 살 터울인 동생은 "책 싫어, 재미없어!"를 입에 달고 살았다. 책만 보면 두세 장을 못 넘기고 까무룩 잠이 들었다. 그녀가 20대가 되었을 때 나는 가끔 몇 권의 책을 추천하거나 선물해주었다. 대부분 가벼운 소설이나 읽기 쉬운 에세이였는데, 단숨에 읽혀 쉽게 읽을 수 있었을 것이다. 책에 익숙해지자 점차 영화처럼 펼쳐지는 흥미로운 이야기의 두꺼운 소설책을 사주었다.

"그래도 이제 책 읽을 만하지?"
"언니가 추천해준 책을 보다 보니 뭐 읽을 수는 있겠더라고? 재미도 있었어. 아, 근데 졸리는 건 어쩔 수 없어. 습관은 무섭더라."
"재미있다고 느꼈으면 됐네. 그럼 이제 책을 싫어한다고 할 수는 없네."
"응, 이제 책을 싫어하지 않아. 근데 읽을 시간이 부족하고 시간을 내서 찾아 읽을 만큼의 열정이 부족한 것 같아."

책과 가까워지는 열쇠는 하나, 바로 취향이다. 읽는 연습이 부족한 어른도 변할 수 있었다. 노력이 더해져 발전으로 이어질 뿐이다. 아이들이 변하기는 훨씬 더 쉽다. 의무감 없이 오롯이 흥미를 최우선으로 해준다면 말이다.

'책을 읽는다'라는 행위는 느림이다. '영상과 게임'의 빠른 흡입력을 이기고 느리면서 노력도 필요한 책을 먼저 찾기는 쉽지 않다. 심지어 책을 아무리 좋아해도 게임 앞에서는 내던져지기 일쑤다. 그러므로 아이들에게 책은 게임의 몇 배는 더 재미있어야 한다.

김공룡도 책을 좋아하는 성향으로 태어나지 않았다. 순도 100% 취향이 만든 취향이다. 나는 책이라면 두 페이지 이상 보지 못하는 김공룡이 세 살이 되었을 때 환경을 바꾸어주었다. 책을 읽어주는 CD를 틀어주기도 하고 놀이하는 모든 공간에 책이 있었다.

'네가 보는 방향에 책이 있단다. 그러니 마음의 방향이 책으로 향할 수밖에.'

취향이란 마음의 방향이다. 공룡을 좋아하면 공룡 책을 주고 만화를 좋아하면 만화책을 주었다. 몸이 쏠리는 방향에 그리고 생활이 있는 모든 방향에 아이가 '지금 좋아하는 것'을 주제로 하는 책을 무심한 듯 놓아 주었다.

사람도 취향이 닿으면 호감이 생긴다. 책도 다르지 않

EUCALYPTUS

카페 라떼
Vanilla LATTE

DIARY

Macramé

STIPA

P.S. I love You
cecelia Ahern
ROMANTIC MOVIE

Kyoho grape

카라멜 마끼아또
MOCHA

GREEN

Rhodanthe
(Paper Daisy)

다. 취향에 비벼보는 거다. 게임에 빠져 있다면 게임처럼 놀 수 있는 책을 주고 요리를 좋아하는 아이에게 요리 관련 책을 주는 것으로 시작한다.

그러니 다른 아이가 좋아하는 책을 알아보기 전에 내 아이의 취향을 먼저 알아야 한다. 추천 독서 리스트에도 베스트셀러 목록에도 없다. 오직 아이와의 시간에 있다. 아이와 도서관에서 눈 품을 파는 수고를 즐거워하면 길이 생긴다.

그리고 가끔 연기자가 된다. 엄마의 목소리로 연기를 시작하면 아이들은 영화보다 좋아한다. 그렇게까지 최선을 다한 이유는 '책을 읽고 독해력이 좋아져서 시험 문제 잘 풀어라'의 의도는 아니다. 살아가는 데 책이 필요하다고 판단해서다.

음악가도 풍부한 상상력이 연주와 소리를 만드는 일에 도움이 되고 미술가도 그러하다. 하물며 아이를 키우는 전업주부라고 다르겠는가. 책의 영향력은 가볍지 않다.

달이 차고 기우듯 어느 날은 가득 채우고 어느 날은 비우면서 내 취향대로 읽고 쓴다. 엄마의 자연스러운 일상을 채우는 책을 보며 아이 마음에는 동경이 자리 잡는다.

안기기를 좋아하는 김루루는 책을 들고 있는 내 품에 들어오기 위해 옆구리에 머리를 끼고 비집어 넣는다. 그리고 몸을 밀착시켜 내 책을 탐한다.

"엄마, 엄마 책 읽어주세요. 표정이 재밌어 보여요."

나는 눈이 흐르는 대로 밑도 끝도 없이 읽던 부분부터 읽어준다. 오소희 작가의 책 『하쿠나 마타타 우리 같이 춤출래?』(북하우스 | 2008.12.17.)를 읽을 때는 사진 속 이방인에 대한 호기심을 품고 생경한 이야기에 귀를 기울였다. 미야시타 나츠의 『양과 강철의 숲』(위즈덤하우스 | 2016.12.10.)을 읽으면서는 조율사라는 직업을 접했는데 주인공이 느낀 바람결 같은 감정을 함께 가늠해보기도 했다.

『반 고흐, 영혼의 편지』(위즈덤하우스 | 2017.5.31.)를 읽을 때는 벌떡 일어나 아는 그림을 혼자 찾아보았고 시인의 에세이를 읽을 때는 대부분 잠잠히 듣다가 말없이 일어나 제 할 일을 했다.

<1월 2일 목요일>

엄마는 책을 보실 때 그림이 없는 책을 보신다. 나는 생각했다. '그림도 없는데 그게 재미있나? 나는 만화책, 그림책, 그림 있는 책만 보니까 그런 생각이 드는 걸까?' 엄마 옆에서 엄마가 엄마 책을 읽어주

시면 그럭저럭 재미있는 것 같기도 했다. 엄마가 도서관에서 『슈퍼

걸스』라는 책을 빌려주셨다. 그림은 없었고 글씨만 있었다.

그런데 글씨만 있는 책에서 이야기가 쏟아져 나왔다. 읽어보니 내

가슴이 물컹물컹해졌다. 그림이 없어도 다 머릿속에서 그려진다.

내 뇌가 그림 작가인가보다. 엄마가 왜 그림 없는 책을 읽으시는지

알겠다. 자기 뇌를 그림 작가로 훈련하나 보다.

그렇게 곁에서 책을 들던 아이의 동경은 책을 향하고 있

었다. 그리고 그림만큼이나 글이 머릿속에서 당돌하게 노

는 경험을 했다. 책 슈퍼걸스, 역시 취향의 효과였다.

앞서 소개한 대로 공룡을 좋아하다 못해 미쳐 있는 아들

은 그 좋아하는 공룡으로 시집을 내게 되었다. 머릿속에

가득 찬 생각을 내뱉지 못하고는 버티지 못하는 상태, 그

게 글의 씨앗이다.

아이는 좋아하는 마음을 감추지 못하고 쓰는 내내 즐거

워했다. 4년을 써 온 동시도 취향이었다. 공룡이라는 콘텐

츠도 취향이었다, 취향이 만든 진짜 자기 이야기가 책이

되었다. 그러니 읽기 위해서 또 쓰기 위해서 오늘의 취향

을 읽는다.

○ 그림을 쓰다

스물여덟에 아이가 찾아왔다. 아이가 있는 세상은 한 번도 보지 못한 신비한 우주였다. 그런데 그 우주에서 나는 사라져갔다. 나를 꾸미고 하루에도 수십 번 거울을 볼 나이에 아이를 눈에 담느라 바빴다.

아이보다 나를 사랑하면 눈치가 보였다. 눈치 주는 사람도 없는데 그랬다. 말도 안 되는 일이었다. 나는 겨우 스물여덟에 나를 위한 투자를 멈추었다.

그러다 첫째가 여섯 살이 된 해 여름, 나는 그림을 그리기 시작했다. 사실 부모님의 딸 셋 중 둘은 디자인 관련 학과를 전공했다. 입시 미술을 준비하지 않고도 타고난 손재주로 미대를 다닌 동생들과 달리 나에게 미술은 학창시절 평균 점수를 까먹는 골치 아픈 과목이었다. 그런데 서른이 넘어 어느 날 그리고 싶은 마음에 미칠 것 같았다.

시간과 돈을 들여 그림을 배우고 싶었다. 나를 위한 투자를 다시 시작했다. 먼저 원데이 클래스로 팝아트를 신청했다. 캔버스가 손에 쓸리는 느낌이 좋았다. 다정한 최 선생님은 붓질 한번마다 주춤하는 나를 다독이며 위로했다.

"좀 더 과감해지세요. 붓에 힘이 더 들어가도 되어요. 삐져나와도 되고요. 다 괜찮아요."

물감이 두려웠다. 별거 아닌데 왜 이렇게 겁이 나던지 손을 바들바들 떨었다. 선생님은 내 긴장을 풀어주려 자기 이야기를 들려주셨다. 선생님의 위로를 먼저 받은 나는 웃었다.

"한 번도 천안을 떠나본 적이 없어요. 당분간 호주에 계신 이모님 댁에 있으려고 하는데 너무 걱정이에요. 저 잘할 수 있을까요?"
"주저하지마세요. 다 할 수 있어요. 지금 제게 붓질을 과감하게 하라고 삐져나와도 된다고 하셨잖아요. 결국 삶은 붓질하듯 칠 하는게 아닐까요. 조금 삐끗해도 괜찮겠지요."

그 사이 몇 번의 주저함과 또 몇 번의 삐뚤어진 선, 꽤 많은 삐죽 튀어나온 붓질이 그림을 완성했다. 시도하고 선을 긋지 않으면 얻을 수 없는 나의 그림이었다. 그날 나는, 힘을 줄 때 주고 뺄 때는 빼며 입체적으로 살고 싶어졌다. 채도나 원근법 따위는 무시한 나만의 그림을 그리며 과감하게 칠하면서 살고 싶어졌다.

방학이 되면 미대생인 동생을 불러 카페로 갔다. 3시간 4시간씩 색을 섞고 붓질을 배웠다. 생각보다 어렵지 않았다. 정성껏 그린 선에 색을 채우면 면이 되었다. 동생의 귀여움을 받으며 내 그림은 걸음마 하듯 성장했다. 그림은 내가 나로 살아가는 행동이었다.

나는 어느새 그림을 그리는 삶에 밀접해져 갔다. 그리고 싶은 장면이 많아졌다. 한 번은 여행에서 저녁을 먹다 말고 가족 그림대회를 열었는데 아이들은 글만큼이나 그림으로 하루의 잔상을 아름답게 그려냈다. 그중에서도 남편이 그린 〈새별 오름을 기어오르는 엄마〉 속 귀신을 닮은 내 모습은 '베스트 웃음 상'이었다.

거기, 하루 치 행복이 응집되어 있었다. 그림을 그리지 않았다면 절대 만져보지 못했을 풍요였다.

배워 둔 팝아트 초상화는 의미 있는 일에 힘을 더했다. 인터넷 카페 〈언니공동체〉에서는 1년에 2번 페스티벌이 열린다. 수익금으로 우붓에 사는 아이들의 보호를 위한 모금을 하는데 나는 그림을 그려 받은 돈을 일부 기부했다.

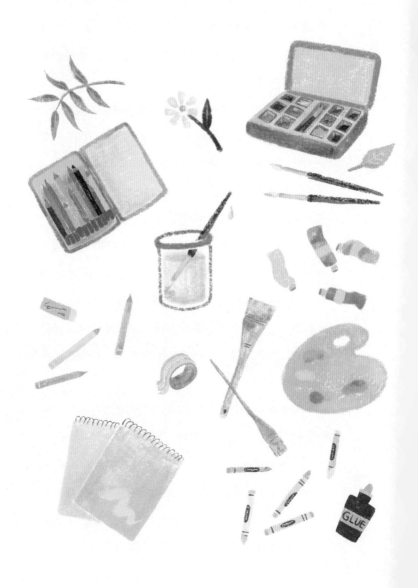

나를 위해 시작한 그림이 선한 방향으로 흐르니 나는 기꺼이 그림을 시작해준 내가 고마웠다. 나를 더 아끼지 않을 수 없었다.

그리고 김공룡의 첫 책인 『공룡 동시』의 삽화를 그렸다. 내 그림이 한 권의 책 안에서 다른 아이들의 마음을 톡톡 건드리다니 상상할 수 없는 벅찬 일이었다. 나는 아이의 동시보다 내 그림이 엮어지는 기쁨이 더 컸다. 그 설렘은 녹을까 두려운 첫눈 같았다. 출판사와 계약을 하고 얼마 지나지 않아 전화 한 통이 왔다.

"작가님 안녕하세요. 출판사인데요."

눈물이 났다. 편집자님께서 처음 불러주신 (그림) 작가의 호칭은 몇 년 전까지만 해도 감히 내가 꿈꿀 수 없었다. 그림을 넘길 파일의 판형에 대한 설명을 들으면서도 이게 내가 살면서 겪을 일인가 싶었다. 어안이 벙벙했다.

책을 출간한 이후에도 여전히 배우는 중이다. 김루루는 자기도 미술 학원을 보내달라고 매일 조르지만 나는 은근슬쩍 거절한다.

"엄마, 나는 친구들처럼 학교 끝나고 바로 미술 학원으로 가는게 소원이야!"

"어우, 너는 충분히 잘하고 있어! 엄마가 생각하고 있다가 딱 필요할 때, 그때 엄마가 보내줄게!"

그리고 나는 내가 듣고 싶은 온라인 클래스 그림 강의를 꾸준히 신청했다. 평소에 좋아하지만 만나기 힘들었던 예지^{artye} 작가님에게 수채화를 배우고 조소현 작가님, 보담 작가님에게 디지털 드로잉을 배웠다.

아이와 함께 그림 그리는 시간도 늘었다. 사실 어깨너머로 배운 디지털 드로잉 실력은 김루루가 나보다 낫다. 역시 수업은 모자란 내가 듣는 편이 맞았다.

그림 그리는 엄마는 밥 잘하는 엄마보다 자랑스러울 때가 많다. 나도 내가 한 밥보다 내가 그린 그림이 더 좋다. 살림도 경제력도 아닌 그림이 주는 자존감은 말로 다 할 수 없다.

그림으로 내가 디딘 첫 발자국이 남다른 이유는 나를 뛰어넘었기 때문이다. 그저 눈치 보지 않고 나를 위해 걸었던 한 걸음씩이 내가 걸었던 길을 넘어섰다. 그림은 나를 어제보다 더 괜찮은 사람으로 만든다.

○ 탁월한 이중인격자

연애하다 헤어지면 체취보다 언어가 더 오래 남았다. 생각해보면 애인의 넓은 어깨보다 투박한 언어를 더 사랑했다. 한 번씩 그가 남긴 유언 같은 말은 수년이 지나도 버려지지 않았다. 그 말들이 전부 내가 흘린 청춘의 조각이었다. 이별을 고하는 순간에도 차가운 얼음장 같은 말이 터키석처럼 탁하게 빛난다고 생각했다. 그조차도 예뻤다.

오랜 시간 좋아해 준 이의 마음을 받아 주지 못하기도 했다. 아무리 노력해도 마음은 줄 수 없었지만 온갖 뜨거운 온도의 고백들과 메일함을 채운 그의 언어만은 몰래 사랑하고 있었다. 언어는 내치기에는 정성스러웠으며 깊게 아름다운 언어들이었다.

그 찬란한 청춘을 지나 만난 남편은 다정한 사람이지만 언어가 서툴고 부족하다. 모든 것을 다 해주어도 사랑에 목이 말랐다. 나는 언어에 성감대가 있는 사람이 분명했다. 듣고 또 들어도 질리지 않는 세상의 예쁜 언어를 모두 끌어모아 우박처럼 퍼부어줘야 사랑받는다고 느꼈다.

조르고 매달려 사랑의 언어를 갈구했다. 연애하는 내내 시달리던 남편은 결혼 후 아이를 낳고서야 나에게서 해방되었다. 매일 "엄마 좋아! 엄마 이뻐!" 해주는 나의 아들이 생긴 거다.

김공룡은 나를 닮아 언어에 예민한 아이다. 아이는 내 입에서 나오는 형태 없는 말에 자주 울고 웃었다. 나의 언어에 영혼이 흔들리는 아이를 보며 제발 나를 사랑해서 배신당하지 말고 내 고운 언어를 모아 줄 테니 그것을 더 사랑하라고 하고 싶어지는 날이 많았다.

김공룡과 한 판 큰 싸움을 하면 우리는 산산조각이 나 있다. 아이가 자랄수록 나의 불안과 혼란이 아이보다 앞서나가 화를 만들고 있었다. 다정함만 주는 어른이 되고 싶었는데 겁을 주는 어른이 되었다. 나와 아이를 집어삼키는 화가 섞인 그 말들을 제일 두려워하는 사람은 어쩌면 나였다.

언어의 힘을 알고 있다. 화를 내는 만큼 따뜻한 언어를 찾는다. 자주 사과하고 이해를 구한다. 따뜻하게 김이 폴폴 나는 언어들로 밥을 지어 애정에 곯은 배를 채운다. 아이들은 따뜻함에 중독이 된다. 꼭 사랑 고백을 들어야 안

심하는 표정의 아이를 보면 남편에게 매달려 "더! 더! 사랑한다고 해줘!" 하던 푸릇한 내가 생각이 난다. 우리는 사랑을 하기 위해 서로를 낳았음을 알아차린다.

엄마는 너보다 마음이 작고 건강하지 못한 사람이야. 화가 난다고 말을 그렇게 하면 안 되는 거잖아. 어른이라도 매일 이렇게 잘못하고 살아. 엄마를 이해해 줘, 미안해. 그리고 다음번에 엄마가 또 그러면 '그러지 마세요'라고 이야기해줄래?

학교에서 혼나고 온 아이에게 화를 내 버렸다. 속상함이 화로 둔갑하여 분출되면 상처는 아이 몫이다. 후회를 담아 아이에게 해줄 말을 메모한다. 내 잘못이 선명해진다.

가끔은 메모가 편지가 되기도 했다. 어떤 말은 눈으로 보아야 가닿기 때문이었다. 아이는 내 편지에 눈물을 훔치기도 했다.

"아가, 네 잘못이 아무리 커도 네 감정이 무시당할 만큼의 잘못은 없어. 그래서 엄마가 정말 속상했어. 세상 모든 어른이 너를 지키지 않아. 어떤 어른은 건강하지 못해서 아이들을 배려하지 않기도 해."

"왜 그런 거예요? 어른인데요?"

"엄마도 너한테 해서는 안 될 말을 하기도 하고 가끔 매를 들기도 해서 사과하는 날도 많잖아. 어른들도 아이랑 같아. 완전히 완벽한 사람은 없어. 그래도 널 사랑하는 어른들의 힘이 더 세니까 걱정하지 마. 엄마는 네가 무엇을 하더라도 사랑해."

"엄마 그런데 어른이 나를 싫어할 수도 있어요? 선생님인데도요?"

"그럼, 모든 사람이 엄마 아빠의 마음으로 너를 보지 않아. 너도 노력해야 해. 사랑받는 행동을 하는 노력이 필요한 거야. 그건 가치 있는 일이야."

어떤 어른이라도 불완전하다. 아이들은 매일 불완전한 어른에게 상처받는다. 제 몫의 상처를 끌어안고 이겨내며 성장한다. 아이가 보고 듣는 다정한 언어가 상처에 새 살이 돋게 함을 믿는다.

할 수 있는 세상에서 가장 귀한 언어들을 모아 미안함과 함께 사랑을 건네주는 탁월한 이중인격자가 되어 본다. 오늘 나와 아이를 달랠 언어는 연필 끝에 숨어 있을지도 모르겠다.

○ 서랍에 문장을 넣고 싶다

영화 〈해리포터〉 시리즈에서는 종이가 생명력을 가진다. 초대장을 펼치면 입술이 튀어나와 말을 하고 신문을 펼치면 기사 속 사진에 있는 사람이 움직이며 화를 낸다. 나에게도 비슷한 경험이 있다. 당연히 내가 호그와트 출신은 아니다(의심의 여지없이 머글이다).

사진첩을 열면 그날의 감각이 되살아난다. 사진을 찍던 날의 소리가 들리고 잠시 묶어 둔 그날의 바람이 빠져나와 분다. 걸음걸이는 느렸는지 빨랐는지, 햇볕은 따뜻했는지 뜨거웠는지, 나는 어떤 말을 했는지 생생하게 보이고 들린다. 사진기 소리는 찰칵, 시간을 잘라서 보관하는 소리였다.

두고 보고 싶은 장면을 사진으로 남기듯 문장으로도 남긴다. 문장은 사진보다 더 깊은 기록이며 지나간 마음까지 잡아두었다. 어느 날 아이가 지난 일기를 읽다가 말했다.

"엄마 저는 어릴 때 일기장 보면 다 기억나고 좋더라고요?"

"그치? 사진이나 동영상만 기록이 되는 건 아니야. 이렇게 글은 마음까지 다 잊히지 않고 남아. 네가 예린이를 만났던 날 사진은 없어도 예린이가 우리 차를 타던 순간 들어오는 장면을 써 놓으니 지금도 영상처럼 그려지지? 네 감정도 읽을 때마다 되살아나고."

"아, 맞아요! 그날 난 다 기억나요! 사진처럼요. 가끔 무슨 일이 있는 날에는 일기를 써야겠어요."

나도 처음 글이 쓰고 싶었을 때 그런 마음이었다. 지난 해의 다이어리를 보는 것이 좋았다. 잘 쓰고 싶은 마음에 조바심이 나면 무작정 닮고 싶은 글을 필사했다.

마음에 드는 문장을 초록 해 둔 노트는 글이 막히는 날 읽기만 해도 도움이 되고 처음 읽었을 때의 감정까지 담긴다. 그러니 좋아하는 작가의 책은 읽다 말고 문장을 쓰고 싶어 간질거렸다.

한 번 읽은 문장은 곱씹지 않으면 남지 않는다. 이야기의 흐름을 따라가느라 마음이 급한 아이들에게 문장은 읽음과 동시에 소진된다.

그러던 어느 날 동화책을 읽던 아이가 입말로는 자주 쓰지 않는 동사를 만났다. 동사를 설명하다가 아이들도 나처럼 문장을 보관하고 꺼내 볼 서랍이 있었으면 했다.

"엄마 헤아려 보는 게 뭐예요?"

"아, 여기? 마음을 헤아린다는 건 마음이 어떤지 오래오래
생각해본다는 거야."

"동화작가는 이렇게 재미있게 글을 쓰네요. 나는 이렇게
못 쓰는데."

"에이, 처음부터 잘 쓰는 사람은 없어. 연습하는 거야. 엄마
도 책에 있는 글자들 노트에 옮겨 적는 거 본 적 있지? 엄마
가 좋아하는 작가의 문장을 써 두는 거거든. 열심히 따라 쓰
다 보면 나도 언젠가 이렇게 좋은 문장들을 쓰게 되겠지 하
는 마음으로… 엄마도 그렇게 매일 부럽고 잘 쓰고 싶어."

"나도 써보고 싶어요."

"그럴까? 엄마가 노트를 만들어줄게. 써 보고 싶은 문장이
나 기억하고 싶은 단어를 적어두자."

"그럼 이건 문장 노트네요?"

"응, 맞아. 이 노트를 우리 문장 서랍이라고 하자. 잘 넣었
다가 꺼내 볼 수 있으니까."

이후 아이들과 써 보지 않았지만 쓰고 싶은 문장, 이미
여러 번 접하고 읽었지만 좋아진 문장을 초록했다. 생각날

때 한 번씩 쓰지만 글을 쓸 때마다 손이 닿는 곳에 두었다.

감정을 글로 정리하지 못할 때 아이들은 자신의 문장 서랍을 꺼낸다. 서랍 속 문장들이 아이의 글에 자연스럽게 접속된다.

"쓰고 싶은 문장이 있어요. 저 잠깐 시간이 필요해요!"

일기를 쓰다가 갑자기 노트를 집어 들고 문장을 뒤적거리는 아이의 모습은 너무도 사랑스럽다. 책을 보다가도 스토리만 보지 않고 섬세한 표현 자체를 눈여겨볼 줄 아는 민감성이 생겼다. 문장 서랍을 조금씩 채운다. 감정을 돌볼 문장이 늘어간다.

김공룡의 문장

- 마음을 헤아려 보았다.	- 심장이 방망이질을 쳤다.
- ~ 선수다.	- 야릇하다
- 마음속을 가득 채웠지	- 요란스럽게
- 나지막이 흘러 나왔다.	- 처음 느껴 보는 지독한 두려움
- 빌빌대다	- 따뜻하고 간질간질한 온기
- 윽박질렀다.	- 이죽거리다.

- 풀이 죽어 말했어요.
- 공들여 만들다.

- 한 눈에 꿰뚫어보다.
- 와들와들 떨렸다.

- 까맣게 잊었다.
- 피가 얼어붙은 것 같았다.

- 우물쭈물 기다렸다.
- 마음 깊은 곳이 찌르르하다.

- 함께 했던 시간들이 반짝거린다.

- 나와 이어진 느낌

○ 다정한 내가
   그리운 날엔

학창 시절, 누군가 수업 시간에 쪽지를 써서 옆 사람에게 전달한다. 반 친구들은 짠 것처럼 우체부가 되어 쪽지에 쓰인 이름에 전달해준다. 쪽지가 전달되어 오는 것이 보이면 내 것일지도 모른다는 기대가 있다. 옆에서 톡톡 어깨를 두드린다. 나를 보지는 않고 스윽, 쪽지만 건넨다.

유란

내가 제일 아끼는 친구가 쓴 내 이름이다. 내게 쪽지가 도착할 때까지 친구들의 수업을 3초씩 방해했다. 그러나 서로가 보내는 사람도 되었다가 받는 사람도 되며 쪽지를 주고받았던 그때는 느리지만 다정한 정이 있었다.

어쩌면 나는 손편지를 쓰러 학교에 갔었나 보다. 수업 시간, 쉬는 시간, 야간자율학습 시간 가리지 않고 편지를 썼다. 마음이 가닿는 편지를 보내고 답장을 받으면 마음 가득 채워지는 어떤 말랑한 기분이 좋았다.

시답잖은 농담과 사랑, 생존을 다투던 학창시절 고민은 필름 사진보다 종이 위에 더 진하게 남아 있다. 교육열도, 자살률도 1위인 이 나라에서 두 아이를 키우며 나는 그 시절 나를 건강하게 했던 친구들의 글씨를 되새긴다.

매일 만나도 서로에게 편지를 주고받았다. 우리는 서로를 위로하는 중인 줄도 모르고 위로했다. 그러므로 '삶'은 사는 것, '이기다'가 아닌 '살다'의 명사이다. 나는 내 아이들이 경쟁자를 찾기보다 이야기를 듣고 교감해주는 다정한 삶을 살면 좋겠다.

여전히 다정함이 그리운 날엔 손편지를 쓴다. 엽서를 오래 고른다. 단어는 더 오래오래 고른다. 그 고르는 시간이 정성스러워 손편지를 좋아하는 사람은 사람을 가벼이 대하지 않는다고 믿는다. 메시지를 전달하는 데 1초도 걸리지 않는 세상에서 종이를 고르고 한 글자씩 마음을 적는 가장 느린 방식은 정성이 아닐 수 없다.

손편지 속의 나는 다정하다. 동전의 양면처럼 거친 본성 뒤에 부드러운 언어를 품고 있는 나를 편지는 발견해준다. 편지지 위 글자로 마음을 천천히 꺼내다 보니 눈으로 보이지 않는 마음을 알게 된다. 서운함 뒤에 내가 당신을 얼마

나 애정하는지, 사랑 고백 뒤에 내가 당신을 얼마나 의지하는지, 미안함 뒤에 내가 얼마나 당신을 잃고 싶지 않은지 꾹꾹 눌러 적다가 내 마음을 내가 확인한다.

연애 시절부터 나는 편지에 집착했다. 편지를 받아야 사랑하는 거라고 믿었다. 남편은 편지 쓰기가 어려운 사람이었다. 나를 위해 기념일마다 어설프게 쓴 편지는 그를 닮아 정직했고 서툴렀다. 그것도 좋았다.

그렇게 편지 좋아하는 엄마를 둔 김루루는 편지를 받고 싶어 할 만큼 자랐다. 아이 눈에도 편지는 애정이기에 엄마의 편지는 탐이 났나 보다.

"엄마 왜 엄마는 나한테는 편지 안 쓰고 친구한테만 써요?"

"편지 받고 싶어? 그럼 루루야, 우리 교환일기 쓸래?"

"교환일기? 그게 뭔데요?"

"엄마가 편지를 쓰면 루루가 답장을 쓰고 그 답장에 엄마가 또 답장을 쓰는 거야. 편지 노트에 편지로 하고 싶은 말을 다 쓰면 읽고 또 하고 싶은 말을 쓰는 거지."

"네! 할래요. 할래요!!"

사랑하고 또 사랑하는 나의 루루야.

엄마가 아주 오래전부터 네가 글씨를 쓰고 읽을 수 있게 되면 이렇게 편지 노트를 만들어 쓰고 싶었어.

루루의 키가 자라고 생각이 자랄수록 하고 싶은 말이 입에서 보다 손에서 나오는게 쉬울 때가 있거든 (엄마도 그런 사람이야. 히히).

이렇게 몇 권의 노트들이 채워져 우리가 잊지 않고 너의 일곱 살, 여덟 살을 얼마나 아꼈는지 꺼내 볼 수 있게 되면 얼마나 좋을까.

생각만 해도 기분 좋다. 그치?

루루가 먼저 엄마의 편지를 받고 싶다고 말해주어서 너무 고마워.

루루야 편지에 대해서 이야기해 줄게.

먼저 편지는 대답을 기다리며 내가 하고 싶은 이야기를 하는 거야.

쑥스럽거나 (미안하거나 고마운 걸 직접 말하기가 좀 그럴 때 있지?^^) 용기가 나지 않을 때 편지를 써서 할 말을 하고 나면 마음이 개운하단다.

엄마는 아빠랑 결혼하기 전에 만나서 직접 해도 해도 사랑한다고 말하고 싶어서 또 편지를 쓴 적도 있었어.

아무리 말해도 가슴에 있는데 글씨로 쓰면 나아지더라고^^

이렇게 편지는, 루루 마음속에 할 이야기들을 장난감을 상자에 정리하는 것처럼 종이에 담아내는 거야.

그럼 그 이야기들이 눈에 보이면서 너의 마음을 네가 보게 돼.

엄마에게 못 할 말은 없단다.어떤 말도, 너에게 나오는 모든 말은 엄마 심장에 차곡차곡 쌓아둘게.

그리고 말로 할 때 못 했던 이야기들도 더 들어줄게.

루루야, 네가 자라서 이런 시간이 온 것만으로도 너무 감사해.

답장 기다릴게.

너를 깊이 깊이 사랑해 루루아.

12월 22일 엄마가.

아이에게도 편지는 말로 하는 사랑과 다른 질감이었다. 엄마의 사랑이 귀에 부드럽게 앉았다가 날아가는 것이 아니라 눈앞에 보여 계속 꺼내 읽을 수 있었다. 읽고 또 읽고 소리 내어 낭독했다. 사랑은 받아도 받아도 질리지 않으니 더 편지를 써 주자 생각했다. 그런데 아이에게 답장을 받으면 오히려 내가 충만해졌다.

엄마께

엄마♡ 엄마 제가 여덟 살이 되었어요.

엄마 마지막으로 유치원에서 친구들과 행복한 하루를 보내고 헤어지네요. 재미있게 놀고 졸업을 하네요. 엄마.

엄마♡

엄마♡

엄마♡

엄마♡

아빠가 책을 읽어주면 마음이 편안해요.

방학인데 쿠키하고 빵 같이 만들어요.

오빠, 아빠가 오기 전에 만들어 두고 서프라이즈로 하려고요.

히히히.

말놀이 동시집은 재미있었어요! 다음에도 재미있는 책 사 주세요!

1월 5일 루루.

나를 너무 사랑한다는 말이 편지에 전부다. 그런 아이의 엄마가 되었다. 나는 어떤 엄마가 되고 싶었냐고 물어본다면 '신뢰할 수 있는 어른'이 되고 싶었다. 말을 해도 되는지 고민되는 순간에 제일 먼저 생각나는 사람이 나라면 더 바랄 게 없다고 생각했다.

엄마에게

엄마, 공룡이에요.

참고 또 참았지만 속이 안 풀린 불만들과 하고 싶었던

이야기를 할 거예요.

1. 엄마 우리가 유튜브를 못 보잖아요. 하지만 '정브르'라는 게

있어요. 그것만 보고 싶어요.

*추신 이것은 절대로 나쁜 유튜브는 아니예요.

그럼 이제 불만에 대해 말할게요.

2. 엄마, 대체 왜 갖고 싶은 건 다 사고 왜 우리 (루루 포함)

갖고 싶은 건 안 사줘요?

3. 왜 엄마는 핸드폰을 계속하면서 우리는 그중에 절반도 못 해요?

그리고 너무 많이 하면 눈이 나빠진다고요? 엄마는 나쁜 눈을 더

나쁘게 할 셈이에요? (타이머로 몇 시간 하는지 재고 싶다니까요!)

불만 말하면서 엄마 욕을 너무 많이 한 것 같아요.

죄송하고 사랑해요. 험험...

(...)

7월 4일 김공룡 올림.

안녕 공룡아,

열 살이 되니 생각도 많아지고 비판하는 힘도 생겼구나

우리 아들!

엄마한테 상처 주기 싫어서 그동안 말도 안 하고 넘어가고

참느라 고생했네^^

사실 너의 불만은 엄마의 걱정에서부터 시작되는 것 같아.

엄마도 더 자유롭게 해주고 싶은데 핸드폰 같은 미디어가 범죄와 불

건전한 매체를 연결해주는 사건이 점점 더 늘어가는 거야.

엄마는 네가 세상에서 가장 아름답고 선한 것만 보길 바라.

(아직 열 살이잖아.)

1. 공룡아, 유튜브는 엄마랑 같이 보고 판단해보자.

나쁘거나 유해한 영상이 아니라면 한 번씩 보는 걸 허락할게!

대신 연결된 다른 영상은 엄마와 다시 상의하기 전까지 먼저

열어보지는 말아야 해 :)

2. 엄마도 갖고 싶은 걸 다 사지는 않아.

물론 좋은 남편을 만나서 하고 싶은 걸 다 하고는 살고 있지.

아이패드도 엄마의 오랜 꿈(그림책)으로 가는 길에 필요한

소품일 뿐이야. 네게도 태블릿을 사줬잖아.

가질수록 가지고 싶은 장난감이나 네가 더 가지고 싶은 것들은

필요가 아닌 욕구에 의한 것이지? 다 살 수는 없어...

그래도 불만이 쌓이는 네 감정을 존중해.

엄마가 용돈을 줄게. 모아서 사고 싶은 것들을 마음껏 사봐!

엄마도 정해진 아빠의 월급 안에서 필요한 것을 사는 거란다.

잘 계획해서 부자가 되어 원하는 것들을 사 보도록 해 :)

3. 엄마가 스마트폰을 많이 보는 건 엄마도 걱정이긴 해.

엄마는 인기도 일도 말도 많잖아?

그런데 아가, 꼭 눈의 문제만은 아니야.

아이들의 머릿속 뇌는 어른들과는 달라.

사실 핸드폰은 생각하는 힘에 도움이 되는 물건은 아니야.

(물론 편리하고 고마운 물건이지만!)

그렇기 때문에 너를 지키고 네 생각이 자라게 하고 눈도 지켜주고

싶은 의무가 있는 엄마는 이건 포기할 수가 없어.

ㄱ. 연락이 오는 순간에만 연락할 것.

ㄴ. 게임은 여전히 1주에 한 번.

ㄷ. 오랜 시간 만지지 말 것.

핸드폰을 사주고 나서도 걱정인 엄마 마음을 사랑으로

받아들여 주었으면 해.

타이머로 재고 싶을 만큼 오래오래 하게 되는 어른은 너의 생각보다

더 금방 된단다. 네 예쁜 생각과 오늘을 지키자 아들 ♡♡ :)

용기 내주고 표현해주어 고마워!

7월 5일 엄마가.

훌쩍 커버린 아들은 신문고 같은 편지를 쓰기도 한다.
아이의 불만은 해결되었다. 아이는 용돈을 받아 기입하면
서 (때마침 용돈을 받을 시기였다!) 물건을 사달라는 말을 하

지 않게 되었고 유튜브에 대한 갈증도 해결되었다. 많은 해결책이 생긴 아이는 휴대전화 사용 시간에 관한 욕심은 버려 주었다.

말보다 글이 더 다정하기에 우리는 가끔 대화보다 편지를 택한다. 내가 하고 싶은 말들은 무수했다. 그 무수한 말들이 활자로 쌓인다. 어느 날 훌쩍 자란 아이가 고민을 담은 편지를 쭈뼛쭈뼛 내미는 상상을 해 본다. 답장에 쓸 문장을 밤을 새워 고르는 나는 얼마나 행복할까.

엄마 아빠랑 사이죠케 노라요. 알게죠? 사랑해요.

아이 스스로 쓴 첫 손편지를 기억한다. 다섯 살이 그대로 묻어 있었다. 아이 모습이 사진처럼 박힌다. 자라면서 글씨도 자라고 생각도 자라기에 여섯 살의 편지는 여섯 살에만 받을 수 있고 열 살의 편지는 열 살에만 받을 수 있다.

여덟 살이 지나고 나면 여덟 살의 편지는 영영 받을 수 없다. 스치듯 사라지는 어제의 내 아이는 사진과 동영상으로 남고 편지로도 남는다. 1년에 단 한통씩이라도 아이를 닮은 편지가 내 앞에 도착하기를 기다린다.

제 5장

엄마가 된 지 10년이다

10년의 시간 동안 겨우 엄마 정체성 하나 생겼다

과거에 연연한 마음은 여전히 너울거린다

마음은 소진되어 툭하면 쉬고 싶다

게으름쟁이는 치열할 수 없으니

그저 최선을 다해 쉬어 본다

10년 차 게으른 엄마

○ 당신의 정원에는
꽃이 피나요?

 초등학교 때 여자아이들은 모두 비슷한 집을 그렸다. 얼핏 보면 똑같아 보이지만 창문과 벽돌, 문의 모양과 색이 달랐다. 취향이 있었다. 나는 집 앞에 꽃과 나무를 꼭 그렸다. 그런 내가 딱딱한 아파트 사이에서 꽃씨 한 번 심어 보지 못한 어른이 될 줄은 몰랐다. 내가 그린 그림처럼 정원이 드넓은 집을 당연히 가질 수 있을 줄 알았다.

 여전히 그런 집을 바라고 그린다. 현관을 열고 나가면 나무를 건드리고 온 바람이 나무 소리를 품고 나를 만지면 좋겠다. 계절이 꽉꽉 들어차 있는 정원도 가지고 싶다. 풀과 흙이 모든 계절의 냄새를 머금고 있다가 내 발이 닿으면 나눠주는 그런 정원이면 좋겠다.

 멜버른의 작은 마을 프라한 사람들은 그 모든 계절을 정원에 앉혀 두며 산다. 그 마을의 집들이 좋아 밤마다 산책을 했다. 한국의 투명한 봄과 푸른 여름을 지나 떠나 왔는데 시간을 거슬러 다시 두 번째 봄을 만났다.

민트색 창 옆으로 꽃이 만개한 벚나무에 왔고 담벼락에 걸터앉은 라일락이 봄으로 왔다. 때 타지 않은 초록의 잎사귀가 좋아 여러 번 쓰다듬었다. 작은 연못에는 손 때 묻은 장난감이 둥둥 떠 있고 새색시처럼 흰 카라꽃은 대문 위로 얼굴을 내밀고 마중을 나왔다. 매일 담벼락 너머의 취향을 훔쳤다. 돌보는 삶을 동경했다.

"엄마, 나도 아파트 말고 앞에 정원이 있는 이층집에서 살고 싶어요."

정원 없는 집에 사는 김루루의 아쉬움은 시어머니께서 달래 주셨다. 충남 서산에 새하얀 집을 지어 귀농하신 것이다. 아이들은 마당에 만든 텃밭 옆에서 온종일 땅을 파고 낫과 삽을 가지고 놀았다. 텃밭의 블루베리를 따 먹고 채소 옆에 사는 벌레들을 돌보았다. 돌볼 마당이 있으니 돌볼 거리들이 생겼다. 돌보는 마음이 좋아 정원이 더 가지고 싶어졌다.

정원 있는 집은 없어도 우리는 저마다 마음의 정원이 있다. 각자 다른 농도의 볕이 들고 구름이 끼고 비가 내리는 정원은 돌볼 거리로 가득 차 있다. 울고 웃고 화내고 때로는 이해할 수 없는 모든 감정으로 정원은 만들어진다. 나의 정원은 나의 것이다. 그런데 살면서 단 한 번 임신과 동시에 식민지가 되어 억압받았다.

좋은 생각만 해.

너 울면 애기도 불안해.

화내지마 다 들어.

좋은 음식만 먹어 먹을 때도 기분이 좋아야지.

네 불안함은 그대로 아이가 다 느껴.

불안함과 분노와 화가 나를 덮치면 나는 아이에게 부정적인 영향을 미치는 엄마가 되는 기분에 죄책감이 들었다. 그게 더 힘이 들었다.

불안은 가르치면 안 될까. 왜 분노는 참아야 하나. 내가 느끼는 감정이 식민지화 되니 삶을 부정당하는 것 같았다. 나는 기질적으로 예민한 사람이다. 참는 마음은 날카로움이 되어 나를 찌른다. 결국 완전한 독립을 선포하며 누르지 않고 있는 그대로 드러내는 엄마를 택했다.

화도 슬픔도 날 것으로 보여 주고 찌질하게 우는 모습도 가름막 없이 보여 주었다. 무엇보다 사과와 반성하는 감정의 문턱이 낮았다. 참지 않고 드러낸 엄마와 자란 아이는

참지 않고 말한다.

"엄마가 그렇게 이야기하면 세상에 나 혼자 떨어져 있는
기분이에요. 그렇게 말하지 마세요."
"엄마는 오늘 나를 사랑하는 것 같지 않아요."

내 정원은 완전히 나의 것이고 아이의 정원도 완전히 아
이의 것이다. 서로 돌보는 수고를 마땅히 한다면 매일 맑
은 날씨가 아니더라도 괜찮았다. 계절이 들 때마다 햇볕의
농도를 느끼고 땅의 습기를 느끼며 바람에게 고마워하며
산다.

다시 봄이 들었다. 멜버른 프라한의 어느 집처럼 목을
빼고 있는 카라를 내 정원에 심어 본다. 나무 옆에 테이블
을 두고 그림을 그린다. 어릴 적 내 그림을 닮은 그 정원
이다.

○ 오지선다 말고
오선지를 주세요

사람이 태어날 때 한 장의 종이를 받는다면 나는 어떤 종이를 받았을까. 그 종이에 무엇을 기록했을까. 또 태어난 내 아이에게 어떤 종이를 건네줄까.

어떤 이는 밑그림이 잘 그려진 캔버스를 받고 색칠만 하면 된다. 반면에 밑그림도 그려져 있지 않은 점만 찍힌 백지 같은 종이를 받은 사람도 있다. 백지에 무엇을 그려나가고 써나갈지는 오롯이 자기 자신에게 달려 있다. 오지선다를 받고 시험 문제를 풀 듯이 사는 사람도 있다.

맞고 틀리고가 중요한 오지선다를 나는 사교육 현장에서 많이 보았다. 성적과 지식을 우선순위에 둔다. 사실 오지선다는 심플하다. 다섯 개 중의 하나는 정답이 있으니 어렵지 않게 답을 찾을 수 있다. 그러나 인생은 그렇게 심플하지 않다. 맞고 틀리고로 한 사람의 생을 결정할 수 없다.

종이를 받은 '나' 자신이 우선이다. 부모도 연인도 친구도 아닌 내가 쓰고 그릴 것을 정하는 사람이 되어야 한다. 떠나보고 만져보고 읽어보고 느껴 보고 생각하고 스스로 그려야 한다.

내가 받은 종이는 오선지였다. 높은음자리표를 엄마와 함께 그린 후 나의 음표와 쉼표를 그려왔다. 인생은 음악과 닮았다. 서사가 있으며 감정의 흐름이 있고 쉼표와 음표가 반복된다.

4분의 3박자에 맞추어 음표를 그리고 왈츠가 흐르는 사랑을 했다. 사랑이 나부끼는 언어가 음표 아래에 쓰이면 살랑거리는 봄바람을 닮은 선율이 흘렀다. 가단조의 어둡고 낮은 소리도 만들었다.

아무렴 괜찮았다. 인생은 장조와 단조를 넘나드는 변주곡이었다. 낮은 소리는 무게감을 주었다. 내 바닥을 채우고 결핍과 아픔이라는 자산이 생겼다. 낮은 소리는 묵직한 어른의 소리였다.

도서관에서 열린 시 수업에서 시를 쓰게 되었다. 글감이 떠오르지 않아 펜만 멍하니 보았는데 문득 늘 생각했던 나의 오선지가 생각나 펼쳤다. 그리고 인생 악보라는 제목의 시를 썼다. 선율이 들렸다. 삶은 그랬다. 노래했고 울었고 환호하는 소리의 연속이었다.

인생 악보

이유란

오선지를 받고
엄마가 높은음자리표를 그려주셨다

2분음표로 공부하고
4분음표로 결혼했다
8분음표로 첫째 낳고
16분음표로 둘째 낳고

피아노
포르테
피아노
포르테

장롱 속 2분 쉼표 꺼내
4분 쉼표를 떠나기도 했다

도돌이표가 기다리고 있지만
내 인생
언제나 크레센도!

내 아이에게도 오선지를 주고 싶다. 오지선다를 아이에게 준다면 내가 생각한 답과 아이가 생각한 답이 다를까 전전긍긍하게 되겠지만 오선지는 다르다. 아이의 음악을 아이가 만든다.

아이의 첫 음표는 엄마의 음표를 따라 그리게 되어 있다. 나는 쉼표부터 그리는 법을 보이겠다. 남들 따라 그리는 음표 말고 쉬어야 할 때 쉬는 쉼표를 정확하게 그리면 다음에 그려질 음표는 더 풍성한 소리를 낼 수 있다.

여덟 살의 악보와 열다섯 살의 악보는 싱그러울 테다. 스무 살의 악보는 얼마나 찬란할까. 아이의 악보와 노랫말에 귀를 기울이며 생을 깊이 안아주고 싶다. 아마도 아이의 악보를 내가 더 자주 보고 외우고 있을지도 모르겠다.

그리고 아이가 어른이 되면 짊어진 삶의 무게를 맞춰 함께 연주하고 싶다. 모든 감정의 선율을 품고 화음을 맞춘다면 얼마나 아름다울까. 낡고 오래된 날, 서로의 곡을 연주해주듯 서로의 생을 만져주기를 섬세하게 그려본다. 그리고 이렇게 이야기해주고 싶다.

"내 음악에는 네가 있었다. 인생 가장 아름다운 선율에는 아가, 늘 네가 있었단다."

○ 시간 있어요?

때 이른 봄이었다. 열 살이 된 김공룡과 단둘이 여행을 했다. 아침에 눈을 뜨면 몸을 비비다가 김이 서린 창문에 그림을 그리고 낙서를 했다. 그러다 창문 밖으로 보이는 낯선 동네가 너무 정갈해서 산책을 나갔다. 선선한 아침 바람은 여행 전 가져온 내면의 답답한 공기를 환기시켰다.

봄꽃을 만났다. 김공룡은 신기한 듯 오래 꽃눈을 어루만졌다. 아이는 낯선 시선을 거두고 꽃망울을 터트리듯 말했다. 아이의 물음에 나는 대답보다 웃음이 먼저 새어나왔다.

"엄마 말이 씨가 된다고 하잖아요?"

"응, 말이 씨가 되긴 하지. 왜 갑자기?"

"아니요, 선생님도 그랬거든요. 근데… 아니다."

"뭔데~ 왜 그러는데?"

"그럼 그 씨가 심어지면 마음에 이렇게 꽃이 피어요?"

"그렇네, 꽃이 피네."

"꽃이 피는 건 어떤 기분일까요?"

"음… 그러니까 우리 공룡이가 지금 열심히 수영을 배우잖아. 며칠 전 선생님이 수영 천재라고 말해주니 막 기분도 좋고 진짜 빨라졌다며. 선생님 말이 공룡이 마음에서 꽃이 핀 거야."

"아, 알겠다!"

"엄마도 네 마음에 예쁜 꽃 피도록 이제부터 잘 생각해서 말할게."

볕에 잠깐 묻은 봄기운이 간지러웠다. 걸음을 멈출 때마다 봄이 두 눈에 새겨졌다. 카페에 들어가 라떼를 한 잔 주문했다. 그리고 아이가 좋아하는 크로와상을 추가로 주문했다.

달콤한 커피와 빵을 들고 나란히 앉았다. 잔잔한 호수가 우리를 마주 보았다. 물고기가 지느러미로 호수에 동그라미를 그렸다. 새도 종종 물위에 앉았다. 호수를 감싼 나무를 멍하게 바라보다가 김공룡은 동화 같은 시를 썼다.

나무

김공룡

꼬부랑 나무가 말했다
"난 왜 이렇게 태어났을까?
똑바른 나무야 부럽다."

똑바로 서 있는 나무가 말했다
"난 네가 더 부럽다
너는 안 헷갈리고 모두가 한 번에
알아볼 수 있잖아."

　그 봄의 여행은 등교를 거부한 여행이었다. 피난처럼 떠난 여행에서 나는 오히려 아이를 잘못 이끌고 있는 것은 아닐까 하는 마음이 있었다. 불안을 꽁꽁 숨기고 애써 눌렀다. 그때 아이가 쓴 시 〈나무〉는 이 여행이 얼마나 옳은지 알게 했다. 불안을 버렸다. 나는 아이에게 말했다.

　"공룡, 엄마도 생각해보니까 똑바로 서 있는 게 답은 아닐 수도 있겠어. 우리 다른 사람 부러워하지 말고 꼬부랑 나무처럼 자기만의 몸을 만들어보자."

아이가 웃었다. 그리고 이제 잔잔한 호수는 지겹다는 듯 캥거루처럼 뛰어다녔다. 걷고 생각하고 멈추지 않았다면 확신하지 못했을 것이다.

그 여행은 내가 아이를 키우며 가장 잘한 몇 가지 중에 하나다. 문제 앞에서는 타임아웃이 필요하다. 나를 위해 잠시 멈춰 설 만큼의 시간은 최우선으로 그리고 최대치로 확보해야 한다. 햇볕을 머리 위에 두고 하릴없이 시간을 낭비하더라도 아무럼 괜찮다.

오늘 차타고 싶었는데 걸어 다녔기에 볼 수 있었던 것들

병아리 같은 유치원생들	꽃눈
마차	소방차 맨홀뚜껑
돌담에 박힌 그릇	한국에서 볼 수 없는 시냇물
다른 집 마당	자판기
새소리	개소리
돌멩이	

02.04. 김공룡의 메모

○ 감정은
소모품이라서

사랑이 끝나면 늦은 밤 불 꺼진 골목 끝에 있는 놀이터를 찾았다. 미끄럼틀 아래 숨어 모래 위에 주저앉아 일기를 태워버렸다. 거기 사랑만 기록된 것도 아닌데 아까운 줄 모르고 사진과 함께 미련 없이 버렸다.

그땐 남은 생이 잡히지 않을 만큼 길게 느껴져 지나간 시간에 아쉬움이 없었다. 평생 살아갈 것처럼 어제는 잊고 오늘을 살던 나이였다. 안타깝게도 감정은 소모품이라서 재생되지 않았다. 떠올리려 해도 어떤 청춘의 문장들이 나를 키웠는지 알 수 없었다.

더는 과거를 하대하지도 않고 가볍게 여기지도 않는다. 움켜쥐어도 손가락 사이로 미끄러지듯 빠져나가는 청춘이기에 매일 어제의 내가 그립다. 할 수 있다면 과거를 잡고 싶다. 실제를 잡지 못한다면 시간과 함께 소모품처럼 사라지는 감정이라도 박제해 두고 싶었다.

그래서 일기

돈가스를 먹다가 튀김옷이 두꺼운 부분만 먹는

내게 김공룡이 말했다.

"왜 엄마의 삶을 포기하세요? 그러지 마세요. 아이만 궁전

에 살고 엄마는 강아지 고양이처럼 주워 먹으면 뭐가 행복

하겠어요?"

"왜 엄마의 삶을 포기했다고 생각해? 그냥 너를 사랑해서

너한테 좋은 것을 먹이고 싶은 거야."

"나도 엄마를 사랑하는데 그럼 어떡해요?"

"난 엄마잖아."

"그게 뭐요? 난 아들인데요? 엄마는 엄마가 맛있는 부분 먹

어요. 난 내가 맛있는 부분 먹을게요."

생각해보면 나도 그랬다.

엄마가 나 먹으라고 맛있는 부분만 골라 먹이면

공주처럼 대접받는 것 같다가도 싫었다.

엄마가 맛있게 먹으면 그게 더 좋았다.

어디 먹는 것뿐일까. 나는 평생 내가 배우는 만큼

엄마가 배우고 싶은 공부를 했으면 했다.

자식의 마음이 그러하다.

그러니 공룡이가 바라는 대로 살 거다.

나는 내가 가장 맛있는 부분을 먹고

공룡이는 공룡이 맛있는 부분을 먹고.

김공룡은 맛있는 음식을 자식에게만 주는 엄마보다 스스로를 귀하게 대하는 엄마를 원했다. 이 마음이 너무나 커서 사진도 영상도 아닌 꼭 글로 남겨야 했다.

글에는 아이의 떨리는 눈썹과 앙 다문 입으로 저항하듯 나를 쳐다보는 눈빛이 남았다. 그 얼굴의 모든 감정은 내가 나를 사랑하지 않으면 아들을 사랑하는 것도 의미 없다는 말이었다. 기록하지 않으면 휘발될까봐 두려워서 밥을 먹다 말고 글로 남겼다.

그래서 편지

꼬물이들아,

우리의 첫 호주 여행, 멜버른에서의 마지막 밤이야.

멜버른은 엄마가 가본 어떤 도시보다 특별해.

아마 너희 둘도 지구에 발 도장 쾅쾅 찍다보면 알게 될 거야.

지금, 우린! 너희들의 여행 첫걸음을 같이 하고 있어.

발 도장 쿵! 첫걸음, 우리 넷이 함께라서 더 좋다 (쿵!쿵!콩!콩!).

엄마는 첫 배낭여행을 혼자 떠나서 할머니 할아버지와 함께 하지

못했어. 너무 아쉬웠지. 그래서 지금 얼마나 떨리는지 몰라.

'나는 꼭 내 아이들과 첫 배낭여행을 함께 해야지' 생각했었거든.

아, 사랑하는 우리 아들 우리 딸이 거침없이 살아가길 바라는

엄마 심장이 뛴다!

멜버른 우리집, 멜버른 우리 동네, 멜버른 우리 놀이터. 지구 끝에

우리가 기억하는 우리만의 공간이 생겼어.

우리가 이곳에 다시 올 수 있을까?

오늘의 그 산책길을 다시 걸을 수 있을까?

아무렴 어때. 오늘 오롯이 우리의 날을 충만하게 채웠는데.

너희가 이 첫 여행에서 얼마나 씩씩했는지 아니?

하루에 열 시간을 걸어도 끄떡없고, 잘 먹고 잘 자고

잘 적응해주었어. 너무 멋져!

빛나는 여섯 살, 다섯 살을 엄마가 잘 기억하고 있을게.

너희는 잊을지 몰라도 지금 엄마는 잊을 수가 없거든.

사랑해, 공룡 & 루루!

– 멜버른에서 엄마가

사랑하는 우리 공룡아, 루루야.

엄마는 지금 제주도에 있어.

어제는 비가 많이 왔고 바람도 아주 많이 불었지.

그래도 엄마는 엄마가 좋아하는 커피도 마시고 책도 읽으면서

너무 기분 좋은 시간을 보냈어.

바다와 폭포를 보면서 공룡이가 생각났어.

공룡이는 물을 좋아하니까. 같이 조개껍데기를 줍고 싶었단다.

꽃과 초록색 풀을 보며 걸을 때는 루루가 생각났어.

길바닥에 작고 작은 꽃도 꼭 알아봐 주는 루루니까.

너에게 보여주고 함께 사진도 찍고 싶었단다.

외롭지도 않고 너무 즐거웠는데 그래도 너희를 너무

안아주고 싶었어.

밤에 잘 때는 더 보고 싶었지. 루루도 공룡이도 그랬니?

다음 여행은 우리 가족 모두 함께 하자.

여행은 그렇게 사랑하는 사람들과 가야 하거든. 우리처럼.

너무 사랑스러운 엄마 아들, 엄마 딸, 여행하는 동안

엄마가 바다와 꽃과 나무와 풀에게 받은 좋은 마음을

너희들에게 모두 줄게. 정말이야.

사랑해.

너희는 엄마의 아주 소중하고 반짝이는 보물이란다.

오늘은 더 보고 싶어. 집에서 만나자.

– 제주에서 엄마가

공룡아.

너와 단둘이 첫 비행기를 탔어. 든든했고 고마웠어.

넌 엄마 인생 최고의 여행 파트너야. :)

엄마는 지난 한 해가 너무 힘들었단다.

내게 너무도 소중한 네가 부정당하고 존중받지 못했거든.

누구든 잘 알지도 못하면서 너를 단정 짓는 것을 참을 수 없어서

잠시 이웃나라로 도망친 거야.

지금 너에게 다 전하지 못하지만 네가 크면 엄마는

너무 잘 견뎠다고 다독여 주고 싶어.

공룡아, 세상엔 건강하지 못한 어른이 많아.

엄마도 때때로 너에게 바닥을 드러낼 때가 있잖아.

미안해. 더 단단한 어른이 되어 볼게.

점점 더 사람들은 마음이 아파도 치료하지 않는 것 같아.

그런 세상에서 엄마는 너를 어떤 어른으로 키워야 할까.

너를 단단하게 키우고 싶다가도

부딪쳐 상처 날 바에 조금 돌아가라고 하고 싶어.

괜찮다며 일어나서 씩씩하고 의연해지려고 하는데

엄마가 먼저 위축되곤 해. 무얼 어떻게 해야 하는지 모르겠어. 엄마

가 나약해서 그런가 봐.

엄마보다 강한 공룡이가 스스로 보고 배우면서

정답을 찾아 나가기를 바랄게.

새해에는 모든 것이 달라져 있을 거야.

엄마는 언제나 네 편이야. 오늘처럼, 올 한 해처럼.

엄마는 씩씩해질게, 넌 당당해지렴!

– 일본에서 엄마가

○ 세상에서 제일 무거운
   유산 상속

앤 패디먼의 『서재 결혼시키기』(정영목 역 | 지호 | 2002. 10.31.)라는 책을 접하고 머리를 탁 친 적이 있다. 책의 결혼이라니, 신선했다. 서로의 옷과 양말을 섞듯이 책들을 결합하며 작가별로, 그리고 또 연도순으로 정리를 한다.

물론 분쟁도 일어난다. 너무 아름다웠다. 책들을 결혼시킨 그제야 배우자가 온전히 내 삶에 완전히 들어 온 기분, 진정으로 결혼을 한 기분이라니!

책장에 꽂힌 책만큼 취향이 드러나는 일이 또 있을까. 나는 독서가보다는 책 수집가에 가까워진다. 반만 읽은 책들과 새로 산 새 책을 쌓아두고도 갖고 싶은 책을 탐색하고 있으니 말이다.

표지가 마음에 드는 책은 내 책장에 꽂아두고 싶어 안달이 난다. 도서관에서 빌려 읽은 책이 마음에 들면 다 읽었어도 서점에서 새로 산다. 손이 닿는 곳에 쌓아놓고 반복해서 찾아 읽는다. 단어가 풍성한 책은 책장에 꽂힐 새가 없다. 틈만 나면 열어보느라 손을 떠나지 않는다.

김공룡은 하필 나를 엄마로 만나 학교에서도 책을 보느라 교과서를 늦게 펴서 혼나는 아이가 되었다. 학교에서나 집에서나 구석구석 손만 뻗으면 닿을 곳에 책이 흐트러져 있다. 그러나 책 정돈은 마음정돈과 반비례 되어 책이 흐트러져야 마음이 정돈된 날임을 나는 안다.

책장

김루루

아빠 책은
멍청하고 그림 생각만 해

엄마 책은
똑똑하고 말이 많아

오빠 책은
으르렁 쿵쾅 책이지

내 책은
생각을 택배로 배달해 줘

김루루는 서로의 책장으로 시를 썼다. 아이는 아빠의 만화책과 그림 없이 글자만 빼곡한 엄마의 책들을 훔쳐보았다. 공룡책과 모험 이야기가 가득한 오빠의 책에서 요란한 소리마저 들린다. 책장을 사랑하는 우리를 닮은 루루의 이 시를 나는 무척이나 아낀다.

내 책장에서 서성거리다가 이해하기 힘든 엄마의 책도 한 번씩 꺼내 읽어보는 김공룡은 활자 자체를 사랑하는 아이다. 메뉴판 정독은 물론이고 장난감 설명서나 놀이공원 안내서도 빠짐없이 읽어야 한다.

그런 아이를 보면 꿈이 이루어지는 기분이었다. 정확히 말하자면 (남편의 책이 가난해서) 앤 패디먼처럼 서재 결혼은 못했지만 서재 유산 상속의 꿈은 가능할 것만 같다.

아이들이 훌쩍 자라 내 책을 들춰보는 상상을 한다. 다 자란 아이의 손으로 어루만져보게 되는 책이 있다면 어떤 책일까. 어느 지난날의 청춘이었던 내가 밑줄 친 활자들을 어느 앞날의 청춘이 된 아이는 어떤 마음으로 마주하게 될까. 곱씹게 되는 문장은 어떤 문장일까. 나의 흔적을 만지며 '아, 엄마의 마음이 흔들렸구나. 엄마는 이런 문장을 좋아했구나' 해주면 더 바랄 것이 없겠다.

태에서 한 몸이었던 것처럼 영혼이 포개어지는 순간이겠지. 훗날 아이들의 곁을 지키지 못하는 날이 온다 해도 나를 기억하고 나를 추억하는 방법이 내 책장이었으면 좋겠다고, 아주 오래전부터 그렇게 바라왔다.

부모의 돈은 돈으로 상속이 되고 땅은 땅으로 상속이 된다. 부모의 삶은 어떤 유형이든지 상속이 된다. 나는 무거운 무게의 유산을 상속해주고 싶다. 책장을 통째로 나누어 가지거라! 엄마의 책을 커다란 상자에 나누어 가지는 상상만 해도 웃음이 난다.

책은 사람을 담았다. 내가 만난 수많은 사람을 아이에게 한 사람씩 소개해준다. 아이 마음에 드는 책은 묵직하게 들어올 테고 그렇지 않은 책도 엄마의 지인처럼 정중하게 흘려보내기를 바란다.

*내가 아끼는 몇몇 책의 앞장에는 유언처럼 아이들에게 쓴 편지가 있다. 그러니 김공룡, 김루루는 유산 상속 포기를 할 수 없을 것이다.

○ 쉬다 보면
알게 될 거야

시드니 여행의 마지막 밤, 야경을 보기 위해 천문대로 슬렁슬렁 걸었다. 중심가에서 멀어질수록 도심의 소리가 점차 잦아들고 가로등 불빛도 줄어들었다. 그 공간에 아이들이 소리를 만들었다. 노래를 부르고 꺄르르 웃었다.

나와 남편은 고개를 까딱이며 걸음으로 땅을 리듬감 있게 두드렸다. 나는 생각했다. '속수무책으로 서로에게 동화되는 걸 사랑이라고 부르는구나.' 야경은 보지 못해도 괜찮을 것 같았다. 그 소리와 리듬으로도 마지막 밤은 충분했다.

천문대에 다다르자 어두움을 먼저 만났다. 계단을 오르고 안으로 들어갈수록 칠흑 같은 어둠뿐이었다. 어둠에 그 무엇도 잃지 않기 위해 우리는 손을 잡고 정성껏 서로를 감각했다.

어느 순간, 여전히 한 걸음 앞은 보이지 않아도 멀리 하버브리지를 중심으로 도심에 뿌려진 별 가루가 보였다.

늘 그랬다. 어둠 한가운데에서는 다른 사람들의 빛나는 모습만 보였다. 그러니 어둠이 닥치면 지금처럼 깊이 들어가 우리 서로 옆에 있다고 손을 잡아주는 수밖에 없다. 처음부터 우리는 손을 잡아주는 사이가 되려고 사랑했는지도 모르겠다.

시드니의 야경은 왠지 서러웠다. 영원할 것 같았던 내 청춘은 시들어가고 한 남자와 주고받은 뜨거웠던 눈빛은 신뢰로 변했다. 매일 자라고 변하는 내 아이들의 한 장면도 지나가고 있었다.

말이 많아졌다. 말이 끊어지면 감정이 걷잡을 수 없이 쏟아질 것 같았다. 그냥, 한 조각도 쉽게 버리고 싶지 않아서 입에 단 말만 반복했다.

밤의 하늘 밑에서 어느 커플은 키스를 나눈다. 그리고 대여섯 명의 친구들은 끝없는 대화를 나눈다. 우리 가족은 손에 잡힌 것이 무엇인지 보이지도 않지만 먹고 먹여주는 일을 했다. 그게 가족의 일이고 우리의 멈출 수 없는 몸짓이라는 것이 참으로 고마운 밤이었다.

평소보다 오래 걸었다. 걷다가 춤을 추고, 또 앉아서 하늘을 보고, 사람들과 눈이 마주치면 웃었다. 스쳐 가는 단한 사람의 표정도 놓치지 않고 담아가고 싶었다. 흘려보내는 삶처럼 지나가는 시간이 눈에 보여 더 아름다운 밤이었다.

그 여행과 동시에 많은 것이 달라졌다. 사라지는 생각과 사라지는 장면을 최대한 유예하고 싶었다. 나의 삶은 내 손으로 기록하고 아이의 삶은 아이 손으로 기록하기를 바랐다. 자연스레 두 아이는 시를 만났다. 아이의 시는 그해 아이가 흘린 파편이었다.

그리고 나는 자주 스케치북을 샀다. 방 한쪽 구석에는 쓰지도 않은 스케치북들이 쌓여 있다. 쓰지 않은 스케치북이 낡아서 바라는 것도, 칠해보지도 못한 물감이 마르는 것도 다 괜찮았다. 오히려 나는 감정이 낡고 바래거나 표현하고자 하는 욕구가 메마를까 두려웠다.

그 애쓰는 사이에 곱고 부드러운 질감의 말만 내어주던 작은 아이는 훌쩍 자랐다. 10대가 되어 거칠고 따가운 말을 따박따박 내뱉기도 한다. 말랑말랑한 푸딩 같은 시를 쓰던 여덟 살은 지나갔지만 성난 폭포 같은 사유를 하는 열다섯을 기다린다.

또 싸우다가 끝나는 일상의 끝은 꿈꿔 온 육아의 낭만을 걷어차기도 한다. 다행히 우리에게는 다정한 편지가 있고 고마운 책이 있다. 활자 안에서 충분히 쉬며 서로의 문장을 돌본다.

여전히 모든 것이 변하고 있다. 그해 시드니에서처럼 나는 설핏 드는 그리움에 가끔 서러워지기도 한다. 그러나 나는 내 삶에 나를 들인다. 나를 나에게서 도태되지 않게 한다. 많은 것이 변해가더라도 나를 위해 하고 싶은 어떤 마음은 매일 흘러넘치는 오래된 사람이 되고 싶다.

마치는 글

여자, 그리고 엄마의 삶은 내적 싸움터였다. 한 작은 생명체의 인생이 통째로 타협 없이 안겨져 치열하게 지키고 돌보아야 했다. 돌보는 삶을 거부하고 싶다가도 이 커다란 사랑에 취해 정신을 잃고 나를 초월해가며 감당해냈다. 그렇게 10년을 해냈다.

삶은, 그러니까 지금 살고 있는 오늘은 매 순간의 감정이 지나가는 길목이다. 그렇기에 어떻게 쉬는지는 어떻게 사는지만큼 중요했다. 나의 오늘과 아이의 오늘을 지나가는 감정을 살피려면 오롯이 멈추어야 했기 때문이다.

"나중에 10년 뒤에 다시 오자. 그 땐 아들 하나 딸 하나 있으면 좋겠어. 지금 보는 거, 우리 아기들이랑 같이 보자."

신혼여행으로 떠난 파리에서 내가 말했다. 막연했던 드라마 같은 상상이었다. 하지만 우리는 정말 아들과 딸을 낳았고 10년 후 파리를 찾았다.

10년 전에 단둘이 손잡고 느리게 걸었던 샹 드 마르스 공원에서 남편은 공룡 풍선 옷을 입고 아들과 뛰어다녔다. 평범한 동양인 가족에게 눈길도 주지 않던 프랑스 사람들이 웃으며 인사를 했고 같이 사진을 찍었다.

엄마 품에 매달렸던 파란 눈의 꼬맹이들은 공룡이 된 남편에게 매달렸다. 김공룡도 공룡 옷을 입고 여기저기서 몰려든 아이들과 어울려 뛰어놀았다. 우리가 10년 동안 만든 소란이었다. 그 소란에 쉼을 더해 서로를 돌보며 앞으로 걸어왔다.

게으름은 절대 쉽지 않았다. 쟁취해서 얻는 뜨거운 성취나 치열함에서 오는 고단한 안정을 포기해야 했다. 앞으로도 아이와 찍는 그 쉼표는 더 어려워질 거라 짐작한다. 그러나 오늘도 소란을 만들고 좋아하는 마음이 닿는 곳에서 쉼표를 그린다. 그리고 아이들에게 편지를 쓰면서 시큰해지는 코를 만진다.

딸아,

사람을 쉽게 평가하지 않고

먼저 상처 주지 않는

다정한 사람이 되어줘.

말을 아껴두었다가 종이에 뱉으렴.

하지 말아야 할 말들이 눈에 보일거야.

사랑을 하렴.

이 세상에 따분한 모든 것보다

사랑이 먼저란다.

그러나 너를 돌보는 사람은 너여야 해.

너를 지키는 사랑을 하렴.

세계는 크지 않아.

손으로 그릴 수 있는 곳이라면

어디든지 너는 당장이라도 뛰어 들 수 있어.

아들아,

최선을 다해 게을렀다면,

건강하게 게으르고 있다면,

네 스스로를 믿어줘.

일기를 쓰면 내가 어떤 사람인지 알게 된단다.

네 감정을 기록하렴.

신뢰는 앎에서 오는 거니까.

첫사랑이 오면 몸의 온기보다

글의 온기를 먼저 내밀어 봐.

사랑은 랩으로 표현하기에 충분하단다.

앞으로 네 앞의 놓일 모든 일 중에

너를 잃는 일이 하나라도 있다면

언제든 내려놓아도 좋아.

그리고 오늘 네가 하고 싶은 일을 찾으렴.

엄마의 마음은 늘 너희 뒤에 서 있을게.

사랑해.

시 쓰는 아이와 그림 그리는 엄마의 느린 기록

게으른 엄마의 행복한 육아

초판 1쇄 발행 2021년 8월 27일
초판 2쇄 발행 2021년 11월 16일

지은이 이유란

대표 장선희 **총괄** 이영철
책임편집 이소정 **기획편집** 정시아, 한이슬, 현미나
마케팅 최의범, 강주영, 이정태
책임디자인 최아영 **디자인** 김효숙

펴낸곳 서사원 **출판등록** 제2018-000296호
주소 서울시 영등포구 당산로54길 11, 상가 301호
전화 02-898-8778 **팩스** 02-6008-1673
이메일 cr@seosawon.com
블로그 blog.naver.com/seosawon
페이스북 www.facebook.com/seosawon
인스타그램 www.instagram.com/seosawon

ISBN 979-11-90179-93-5 03590

서사원은 독자 여러분의 책에 관한 아이디어와 원고 투고를 설레는 마음으로 기다리고 있습니다.
책으로 엮기를 원하는 아이디어가 있는 분은 이메일 cr@seosawon.com으로
간단한 개요와 취지, 연락처 등을 보내주세요. 고민을 멈추고 실행해보세요. 꿈이 이루어집니다.